Vue 學習手冊

可重用、易組合且規模可擴充的
UI 核心概念和實用模式

Learning Vue
Core Concepts and Practical Patterns
for Reusable, Composable, and
Scalable User Interfaces

Maya Shavin 著

黃銘偉 譯

O'REILLY®

目錄

前言

JavaScript 框架（framework）在現代 Web 前端開發（frontend development）中扮演重要的角色。在開發 Web 專案時，公司選擇框架的原因有很多，包括最終產品的品質、開發成本、編程標準（coding standard）和開發難易度。因此，學習如何使用 JavaScript 框架（如 Vue）對於任何現代 Web 開發人員（或前端開發人員或全端開發人員）來說都是不可或缺的。

本書適用於希望使用 Vue 程式庫、JavaScript 和 TypeScript 從頭到尾學習和開發 Web 應用程式的程式設計師。它完全聚焦於 Vue 及其生態系統如何幫助你以最直接、最舒適的方式建置規模可擴充（scalable）的互動式 Web 應用程式。在介紹基礎知識的同時，我們還將涵蓋用於狀態管理（state management）、測試、動畫、部署和伺服器端描繪（server-side rendering）的 Vue Router 和 Pinia，確保你可以立即著手發展複雜的 Vue 專案。

若你不熟悉 Vue 或 Virtual DOM（虛擬的文件物件模型）的概念，也沒關係。本書不假設你對 Vue 或任何類似框架有任何背景知識。我將從頭開始介紹並指導你學習 Vue 的所有基礎知識。在第 2 章中，我還會帶你了解 Vue 中的 Virtual DOM 概念和反應性系統（reactivity system），作為本書後續內容的基礎。

本書並不要求你懂 TypeScript，但如果你熟悉 TypeScript 基礎知識，就會有更充分的準備。此外，如果你事先掌握了 HTML、CSS 和 JavaScript 的基礎知識，那麼你也能更好地理解本書的內容。在學習任何 Web（或前端）Javascript 框架之前，打好這三者的堅實基礎都是極為重要的。

本書編排慣例

本書使用以下排版慣例：

斜體字（*Italic*）

　　代表新的術語、URL、電子郵件位址、檔案名稱或延伸檔名。中文以楷體表示。

定寬字（`Constant width`）

　　用於程式碼列表，還有正文段落裡參照到程式元素的地方，例如變數或函式名稱、資料庫、資料型別、環境變數、述句或關鍵字。

定寬粗體字（**`Constant width bold`**）

　　顯示應該逐字由使用者輸入的命令或其他文字。

定寬斜體字（*`Constant width italic`*）

　　顯示應該以使用者所提供的值或由上下文決定的值來取代的文字。

 此元素代表訣竅或建議。

 此元素代表一般性的說明。

 此元素代表警告或注意事項。

使用範例程式

補充素材（程式碼範例、習題等）可在此下載：
https://github.com/mayashavin/learning-vue-app

如果你在使用程式碼範例時遇到技術問題或困難，請傳送電子郵件至
bookquestions@oreilly.com。

本書旨在協助你完成工作。一般來說，你可以在自己的程式或文件中使用本書的程式碼而不需要聯繫出版社取得許可，除非你更動了程式的重要部分。例如，使用這本書的程式段落來編寫程式不需要取得許可，但是將 O'Reilly 書籍的範例製成光碟來銷售或散布，就必須取得許可；引用這本書的內容與範例程式碼來回答問題不需要取得許可，但是在產品的文件中大量使用本書的範例程式，則需要取得許可。

我們會非常感激你在引用它們時標明出處（但不強制要求）。出處一般包含書名、作者、出版社和 ISBN。例如：「*Learning Vue* by Maya Shavin (O'Reilly). Copyright 2024 Maya Shavin, 978-1-492-09882-9.」。

若你覺得對程式碼範例的使用方式有別於上述的許可情況，或超出合理使用的範圍，請別客氣，儘管聯繫我們：*permissions@oreilly.com*。

致謝

在我開始撰寫這本書時，我的家庭正處於一個充滿高低起伏的動盪時期。儘管我享受過程中的每一刻，但寫這本書需要大量的時間、精力和奉獻，若沒有家人的支援，特別是我丈夫 Natan 的支持，我將無法全心投入其中。感謝他對我的鼓勵、對我程式設計技能的信任、對前端開發的幽默感、在我出差期間對孩子的照顧、對我日常抱怨的傾聽，並幫助我在工作與個人生活之間找到平衡，這些對我而言彌足珍貴。沒有 Natan，我不會有今天的成就。

正如高品質的程式碼需要全面的審查一樣，本書的卓越也要歸功於 Jakub Andrzejewski、Chris Fritz、Lipi Patnaik、Edward Wong 與 Vishwesh Ravi Shrimali 批判性的技術見解和鼓勵，你們寶貴的回饋意見對我在聚焦重點及提升本書品質上扮演了關鍵角色。

衷心感謝我的 O'Reilly 團隊：Zan McQuade 和 Amanda Quinn，謝謝你們在《Vue 學習手冊》的出版過程中所給予的指導；還要感謝我出色的編輯 Michele Cronin。Michele，妳富有洞察力的回饋意見、專業態度以及在本書充滿挑戰的最後階段所展現的同理心，讓我深感欽佩。Ashley Stussy 的製作編輯技巧和 Beth Richards 的審稿專長對於將我的手稿提升到產品品質至關重要。因為有大家的共同努力，這本書才能以我們所期盼的樣貌問世。

我要特別感謝 Vue 核心團隊開發出如此優秀的框架和生態系統，以及 Vue 社群成員和朋友們的支持和鼓勵。我從你們那裡獲得的知識和見解是無法計量的，每天都持續不斷充實著我。

最後，非常感謝各位讀者。在包括無數影片和教程在內的眾多可用資源中，你們選擇了這本書，這是對我作品的信任，我深表感謝。我希望《Vue 學習手冊》能成為你們人生旅途中的寶貴工具，無論你是想成為 Web 開發人員、前端開發人員還是全端開發人員。

由衷感謝你們。請記住，在 Web 開發的世界裡，永遠都要用「Vue」來「React」（「react with a Vue」，即「用一個 view 做出反應」）。

歡迎來到 Vue.js 的世界！

Vue.js 最初在 2014 年釋出，受到了快速的採用，特別是在 2018 年。由於其易用性和靈活性，Vue 在開發人員社群中是廣受歡迎的框架。如果你正在尋找一款出色的工具來建置效能卓越的 Web 應用程式並將其交付給終端使用者，Vue.js 就是最佳解答。

本章重點介紹 Vue.js 的核心概念，並引導你了解 Vue.js 開發環境所需的工具。本章也會探討一些實用的工具，使你的 Vue.js 開發過程更易於管理。本章結束時，你將擁有包含簡單 Vue.js 應用程式的工作環境，可以開始學習 Vue.js 的旅程。

Vue.js 是什麼？

Vue.js 或 Vue 在法語中是 view（視圖，或稱「檢視」）的意思；它是一種 JavaScript 引擎，用在前端應用程式中建置漸進式（progressive）、可組合（composable）和反應式（reactive）的使用者介面（*user interfaces*，UI）。

 從這裡開始，我們將使用 Vue 來表示 Vue.js。

Vue 是在 JavaScript 的基礎上編寫的，它提供一種有組織的機制來架構並建置 Web 應用程式。它還充當轉換編譯器（trans-compiler，*transpiler*），在部署前的建置過程中，將 Vue 程式碼（作為 Single File Component，即「單一檔案元件」，我們會在第 59 頁的「Vue 的單一檔案元件結構」中進一步討論）編譯並轉換成等效的 HTML、CSS 和 JavaScript 程式碼。在獨立模式下（配合一個生成的指令稿檔案），Vue 引擎會在執行時期（run-time）進行程式碼轉譯。

Vue 遵循 MVVM（*Model–View–ViewModel*）模式。不同於 MVC（*Model–View–Controller*，*https://oreil.ly/GHu2u*）[1]，ViewModel 是 View 和 Model 之間繫結資料的繫結器（binder）。允許視圖（view）和模型（model）的直接通訊可逐步提高元件的反應能力。

簡而言之，建立 Vue 的目的只是為了專注於 View（視圖）層，但它可以逐步調整，以便與其他外部程式庫整合，實作更複雜的使用方式。

由於 Vue 只專注於 View 層，因此它有助於開發單頁面應用程式（single-page applications，SPA）（*https://oreil.ly/FWJ2p*）。SPA 可在與後端持續交換資料的同時，快速、流暢地動作。

Vue 的官方網站（*https://oreil.ly/03RbI*）有 API 說明文件、安裝指示和主要用例供人參考。

Vue 在現代 Web 開發中的優勢

Vue 的一大優勢是其說明文件（documentation）編寫精良、簡單易懂。此外，圍繞著 Vue 所構築的生態系統和支援社群（如 Vue Router、Vuex 和 Pinia），皆可幫助開發人員輕鬆建立並執行專案。

對於之前用過 AngularJS 或 jQuery 的人來說，Vue API 都是直截明瞭且令人感到熟悉的。其強大的樣板語法（template syntax）最大限度地減少了所需的學習工夫，使你更容易在應用程式中處理資料或聆聽 Document Object Model（DOM）事件。

Vue 的另一個重要優勢是它的大小。框架的大小是應用程式效能的重要面向，尤其是交付時的初始載入時間。在撰寫本文時，Vue 是速度最快、最輕量化的框架（大小約為 10kB）。從瀏覽器的角度來看，這一優勢可減少下載時間，提升執行時期效能。

隨著 Vue 3 的釋出，TypeScript 的內建支援為開發人員提供型別定型（typing）的好處，使他們的源碼庫（codebase）更易讀、更有組織，長期來說也更容易維護。

---

1 MVC 模式將應用程式的結構分為 UI（View）、資料（Model）和控制邏輯（Controller），從而協助應用程式的實作。雖然 View 和 Controller 可以雙向繫結（two-way binding），但只有 Controller 可以操作 Model。

安裝 Node.js

使用 Vue 需要先設置好開發生態系統,並事先掌握程式設計知識,才能跟上學習進程。Node.js 和 NPM(或 Yarn)是在開始開發任何應用程式之前必須安裝的開發工具。

Node.js(或 Node)是基於 Chrome 瀏覽器 V8 JavaScript 執行階段引擎(run-time engine)所建置的開源 JavaScript 伺服器環境。Node 允許開發人員在瀏覽器之外於本地或託管伺服器(hosted server)上編寫程式並執行 JavaScript 應用程式。

 基於 Chromium 的瀏覽器(如 Chrome 瀏覽器和 Edge)也使用 V8 引擎將 JavaScript 程式碼解譯為高效率的低階電腦程式碼並加以執行。

Node 受到跨平台的支援,而且安裝簡單。若你不確定是否安裝了 Node,請開啟終端機(或 Windows 中的命令提示列)並執行以下命令:

```
node -v
```

輸出結果應為 Node 版本,若未安裝 Node,則會是「Command not found(找不到命令)」。

如果你尚未安裝 Node,或你的 Node 版本低於 12.2.0,請前往 Node 專案網站(*https://oreil.ly/E6xr-*)並根據你的作業系統下載最新版本的安裝程式(圖 1-1)。

下載完成後,點擊安裝程式並依循說明進行設定。

安裝 Node 時,除了 node 命令外,命令列工具還會多了 npm 命令。輸入 node -v 命令,就會顯示已安裝的版本號碼。

圖 1-1　在 Node 官方網站下載最新版本

NPM

Node Package Manager（NPM）是 Node 預設的套件管理器。預設情況下，它將與 Node.js 一起安裝。開發人員可以透過它輕鬆下載和安裝其他遠端 Node 套件。Vue 和其他前端框架就是實用的 Node 套件的例子。

NPM 是開發複雜 JavaScript 應用程式的強大工具，能夠建立並執行任務指令稿（task scripts，例如用以啟動本地開發伺服器），並自動下載專案依存套件。

與 Node 的版本檢查類似，你也可以透過 npm 命令執行 NPM 版本檢查：

```
npm -v
```

要更新 NPM 版本，請使用下列命令：

```
npm install npm@latest -g
```

使用參數 @latest，當前的 NPM 工具會自動將其版本更新為最新版本。你可以再次執行 npm -v 以確保有正確更新。你也可以替換 latest 一詞，以任何特定的 NPM 版本為目標（格式為 xx.x.x）。此外，你還需要用 -g 旗標表示在全域範疇內進行安裝，這樣 npm 命令才能在本地機器上的任何地方使用。舉例來說，若是執行 npm install npm@6.13.4 -g 命令，該工具將以 6.13.4 版本的 NPM 套件為目標進行安裝和更新。

本書的 *NPM* 版本

我建議安裝 NPM 7.x 版本，以便執行本書中所有的 NPM 程式碼範例。

Node 專案的啟動和執行依存於一系列 Node 套件 [2]（或「依存關係」，dependencies）。在專案目錄底下的 *package.json* 檔案中，可以找到這些已安裝的套件。這個 *package.json* 檔案還會描述專案，包括名稱、作者和專門套用於該專案的其他指令稿命令。

在專案資料夾中執行 npm install（或 npm i）命令時，NPM 會參考該檔案，並將所有列出的套件安裝到名為 *node_modules* 的資料夾中，供專案使用。此外，它還會新增 *package-lock.json* 檔案，以追蹤套件安裝的版本和共同依存關係之間的相容性。

要從頭開始設立包含依存關係的專案，請在專案目錄下使用以下命令：

```
npm init
```

此命令會引導你回答一些與專案相關的問題，並用包含你答案的 package.json 檔案初始化（initializes）一個空的專案。

你可以在 NPM 官方網站（*https://oreil.ly/LD4W8*）上搜尋任何公開的開源套件。

Yarn

如果說 NPM 是標準的套件管理工具，那麼 Yarn 則是 Facebook [3] 所開發的另一種流行的套件管理器。Yarn 採用平行下載（parallel downloading）和快取（caching）機制，因此速度更快、更安全，也更可靠。它相容於所有 NPM 套件，因此可以直接替代 NPM。

2　這些通常被稱為 NPM 套件。

3　Facebook 自 2021 年起改名為 Meta。

你可以前往 Yarn 官方網站（*https://oreil.ly/TX-qT*），根據你作業系統安裝最新版本的 Yarn。

若你使用的是 macOS 電腦並安裝了 Homebrew，可以直接使用下列命令安裝 Yarn：

```
brew install yarn
```

此命令會全域性安裝 Yarn 和 Node.js（如果無法取用的話）。

你也可以使用 NPM 套件管理工具，使用以下命令全域性安裝 Yarn：

```
npm i -g yarn
```

現在，你的機器上應該已經安裝了 Yarn，可以隨時使用。

要檢查 Yarn 是否已安裝並驗證其版本，請使用下列命令：

```
yarn -v
```

要新增新套件，請使用以下命令：

```
yarn add <node package name>
```

要為專案安裝依存關係，你只需在專案目錄下執行 yarn 命令，而無須使用 npm install。安裝完成後，類似於 NPM，Yarn 也會在專案目錄中新增一個 *yarn.lock* 檔案。

在本書介紹的程式碼中，我們將使用 Yarn 作為套件管理工具。

至此，你已經為 Vue 開發建立了基本的程式設計環境。在下一節中，我們會看到 Vue Developer Tools 以及它們在使用 Vue 時為我們提供的功能。

Vue Developer Tools

Vue Developer Tools（或 Vue Devtools）是幫助你在本地處理 Vue 專案的官方工具。這些工具包括用於 Chrome 瀏覽器和 Firefox 瀏覽器的擴充功能，以及用於其他瀏覽器的 Electron 桌面應用程式。你應在開發過程中安裝其中的一個工具。

如圖 1-2 所示，Chrome 瀏覽器使用者可以前往 Chrome Web Store 中的擴充功能連結（*https://oreil.ly/XvXLO*），並安裝該擴充功能。

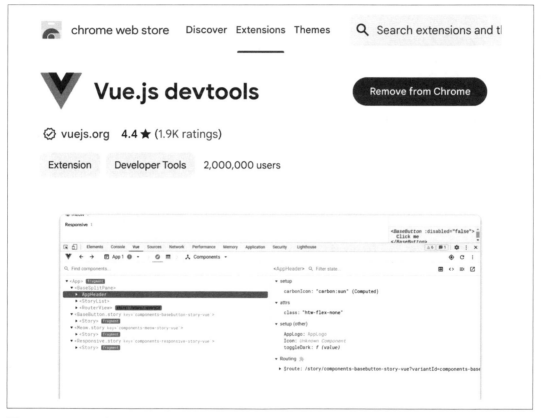

圖 1-2　Chrome 瀏覽器的 Vue Devtools 擴充功能頁面

至於 Firefox，可以使用 Firefox Add-on 頁面（*https://oreil.ly/oWT_C*）上的擴充功能連結，如圖 1-3 所示。

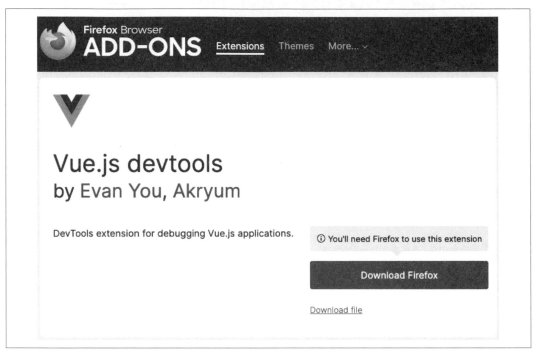

圖 1-3　Firefox 瀏覽器的 Vue Devtools 擴充功能頁面

安裝並啟用擴充後，就可以檢測當前是否有網站在製作過程中使用 Vue。若網站是使用 Vue 建置，瀏覽器工具列上的 Vue 圖示就會像圖 1-4 那樣突顯出來。

圖 1-4　確認 Vue 官方網站使用 Vue 建置的圖示

透過 Vue Devtools，你可以在瀏覽器的開發人員主控台（developer console）中檢視 Vue 元件樹（component tree）、元件特性和資料、事件以及路由資訊。Vue Devtools 將資訊分為不同的分頁，為除錯和檢查專案中任何 Vue 元件的行為提供有用的見解。

Vite.js 作為建置者管理工具

Vite.js（或 Vite）於 2020 年推出，是一款 JavaScript 開發伺服器（development server），它在開發過程中使用原生的 ES module [4] 匯入（import），而不是像 Webpack、Rollup 那樣將程式碼捆裝為 JavaScript 檔案區塊。

 從現在起，我們將使用 Vite 來表示 Vite.js。

這種做法能讓 Vite 在開發過程中以極快的速度執行熱重載（hot reload）[5]，使開發體驗流暢無中斷。它還提供許多立即可用的功能，如支援 TypeScript 和視需要編譯（on-demand compilation），這在開發人員社群中正迅速獲得人氣和採用。

Vue 社群已用 Vite 取代了 Vue CLI 工具 [6]（在底層使用 Webpack），使其成為建立和管理 Vue 專案的預設建置者工具（builder tool）。

創建一個新的 Vue 應用程式

使用 Vite 有多種方法可以建立新的 Vue 應用程式專案。最直接的方法是在命令提示列或終端機中使用以下命令語法：

```
npm init vue@latest
```

這個命令會先安裝官方的鷹架工具 create-vue，然後會列出配置 Vue 應用程式的一串基本問題。

如圖 1-5 所示，本書中 Vue 應用程式使用的組態包括：

Vue 專案名稱，全部為小寫格式

    Vite 使用這個值建立內嵌在當前目錄下的新專案目錄。

TypeScript

    建立在 JavaScript 基礎上的具型（typed）程式語言。

4　ES modules 是 ECMAScript modules 的縮寫，自 ES6 發行以來，它已成為處理模組（modules）的熱門標準，最初用於 Node.js，近來也用在瀏覽器中。

5　熱重載可自動將新的程式碼變更套用到執行中的應用程式，而無須重啟應用程式或重新整理頁面。

6　Vue command-line interface。

JSX [7]

在第 2 章中，我們將討論 Vue 如何支援以 JSX 標準編寫程式碼（在 JavaScript 程式碼區塊中直接撰寫 HTML 語法）。

Vue Router

在第 8 章中，我們將使用 Vue Router 在應用程式中實作路由（routing）。

Pinia

在第 9 章中，我們將討論如何使用 Pinia 在整個應用程式中管理和共享資料。

Vitest

這是所有 Vite 專案的官方單元測試（unit testing）工具，我們將在第 11 章中進一步探討。

ESLint

這個工具會根據一套 ESLint 規則檢查你的程式碼，幫助你遵循編程標準（coding standard），提高程式碼的可讀性，避免隱藏的程式設計錯誤。

Prettier

此工具會自動格式化程式碼的風格，保持程式碼整齊、美觀，並遵循編程標準。

```
✓  Project name:   learning-vue-app
✓  Add TypeScript?   No   Yes
✓  Add JSX Support?   No   Yes
✓  Add Vue Router for Single Page Application development?   No   Yes
✓  Add Pinia for state management?   No   Yes
✓  Add Vitest for Unit Testing?   No   Yes
✓  Add Cypress for End-to-End testing?   No   Yes
✓  Add ESLint for code quality?   No   Yes
✓  Add Prettier for code formatting?   No   Yes
```

圖 1-5　新 Vue 應用程式專案的組態

接收所需的組態後，**create-vue** 會為專案建構相應的鷹架。建立完成後，它將提供一組按順序排列的命令供你執行，以在本地端啟動和執行你的專案（見圖 1-6）。

7　JavaScript XML，常用於 React。

```
Done. Now run:

 cd learning-vue-app
 npm install
 npm run lint
 npm run dev
```

圖 1-6　要為新建立的專案依序執行的命令

接下來，我們將探索新建專案的檔案結構。

檔案儲存庫結構

新的 Vue 專案在 src 目錄中包含以下初始結構：

assets

　　可放置專案影像、圖形和 CSS 檔案的資料夾。

components

　　你可在此資料夾中按照 Single File Component（SFC，單一檔案元件）的概念建立和
　　編寫 Vue 元件。

router

　　存放所有路由組態的資料夾。

stores

　　你使用 Pinia 建立和管理專案全域性資料的資料夾。

views

　　所有繫結到已定義路由的 Vue 元件所在的資料夾。

App.vue

　　主要的 Vue 應用程式元件，是應用程式中所有其他 Vue 元件的根（root）。

main.ts

　　包含將根元件（App.vue）掛載到 DOM 頁面上 HTML 元素中的 TypeScript 程式碼。該
　　檔案也是在應用程式中設定外掛和第三方程式庫（如 Vue Router、Pinia 等）的地方。

圖 1-7 顯示我們 Vue 專案的結構。

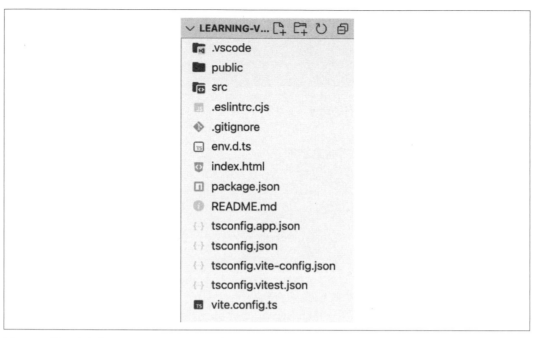

圖 1-7　我們建立的 learning-vue-app 專案的檔案結構

專案根目錄中有 `index.html` 檔案，它是在瀏覽器中載入應用程式的入口點（entry point）。它使用 `<script>` 標記匯入 `main.ts` 檔案，並為 Vue 引擎提供目標元素，以便透過執行 `main.ts` 中的程式碼來載入 Vue 應用程式。這個檔案在開發過程中很可能保持不變。

你可以在本書的 Github 儲存庫（*https://github.com/mayashavin/learning-vue-app*）中找到所有範例程式碼。我們按章節組織這些程式碼檔案。

總結

在本章中，我們學到了 Vue 的優勢以及如何為 Vue 開發環境安裝必要工具。我們還討論了 Vue Developer Tools 和其他有效建置 Vue 專案的工具，例如 Vite。現在，既然已經建立好第一個 Vue 專案，我們就準備好學習 Vue 了，先從基礎知識開始：Vue 實體（instance）、內建指示詞（built-in directives）以及 Vue 處理反應性（reactivity）的方式。

第二章

Vue 的運作方式：基礎知識

在上一章中，你學到了建置 Vue 應用程式的基本工具，並建立了你的第一個 Vue 應用程式，為下一步做好了準備：透過編寫 Vue 程式碼了解 Vue 如何運作。

本章將向你介紹 Virtual Document Object Model（Virtual DOM，虛擬文件物件模型）的概念，以及使用 Vue Options API 編寫 Vue 元件的基礎知識。本章還將進一步探討 Vue 指示詞（directives）和 Vue 反應性（reactivity）機制。在本章結束時，你將了解 Vue 的工作原理，並能夠編寫和註冊 Vue 元件供你的應用程式使用。

底層的 Virtual DOM

Vue 並不直接使用 Document Object Model（DOM，文件物件模型）。取而代之，它透過實作 Virtual DOM 來最佳化應用程式在執行時期的效能。

為了確實理解 Virtual DOM 的運作方式，讓我們先從 DOM 的概念開始著手。

DOM 以記憶體內的樹狀資料結構（in-memory tree-like data structure）的形式表示 Web 上的 HTML（或 XML）文件內容（如圖 2-1 所示）。它是連接網頁和實際程式碼（如 JavaScript）的程式設計介面。HTML 文件中的標記（tags，如 <div> 或 <section>）被表示為程式化的節點（nodes）和物件（objects）。

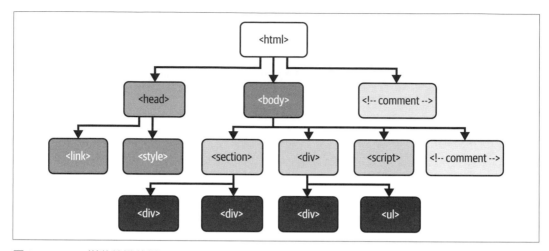

圖 2-1　DOM 樹狀結構的例子

瀏覽器剖析完 HTML 文件後，DOM 將立即可供互動使用。在佈局（layout）發生變化時，瀏覽器會在後端不斷繪製（paints）和重新繪製 DOM。我們將剖析（parsing）和繪製 DOM 的過程稱為螢幕點陣化（screen rasterization）或 *pixel-to-screen*（畫素到螢幕的）管線（pipeline）。圖 2-2 演示了點陣化的工作原理：

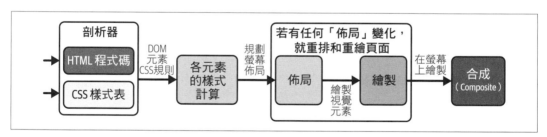

圖 2-2　瀏覽器的點陣化過程

佈局更新問題

每次繪製（paint）都會對瀏覽器的效能造成很大影響。由於 DOM 可能由許多節點組成，因此查詢和更新單個或多個節點的成本會非常高。

下面是 DOM 中 li 元素串列的簡單範例：

```
<ul class="list" id="todo-list">
  <li class="list-item">To do item 1</li>
  <li class="list-item">To do item 2</li>
```

---

14 ｜ 第二章：Vue 的運作方式：基礎知識

```
<!-- 以此類推……-->
</ul>
```

新增或刪除一個 `li` 元素或修改其內容需要使用 `document.getElementById`（或 `document.getElementsByClassName`）查詢 DOM 中的該項目（item）。然後，你需要使用適當的 DOM API 執行所需的更新。

舉例來說，如果你想在前面的範例中加入新項目，就需要進行下列步驟：

1. 透過 `id` 屬性的值查詢（query）包含它的串列元素，即 "`todo-list`"

2. 使用 `document.createElement()` 創建新的 `li` 元素

3. 使用 `setAttribute()` 設定 `textContent` 和相關屬性，使其符合其他元素的標準

4. 使用 `appendChild()` 將該元素作為子元素（child）附加到步驟 1 中找到的串列元素中：

```
const list = document.getElementById('todo-list');

const newItem = document.createElement('li');
newItem.setAttribute('class', 'list-item');
newItem.textContent = 'To do item 3';
list.appendChild(newItem);
```

同樣地，假設你想將第 2 個 `li` 項目的文字內容（text content）更改為 "`Buy groceries`"（「購買日用品」）。在這種情況下，你會執行步驟 1 獲取包含它的串列元素，然後使用 `getElementsByClassName()` 查詢目標元素，最後將其 `textContent` 變更為新內容：

```
const secondItem = list.getElementsByClassName('list-item')[1];
secondItem.textContent = 'Buy groceries'
```

小規模查詢和更新 DOM 通常不會對效能產生巨大影響。但是，如果在更複雜的網頁上多次重複執行這些動作（在幾秒鐘內），就會降低網頁的執行速度。若出現連續的小型更新，效能會受到很大衝擊。許多框架（如 Angular 1.x）都沒有意識到並解決這個隨著源碼庫增長而產生的效能問題。Virtual DOM 就是為了解決佈局更新（layout update）問題而設計的。

何謂 Virtual DOM？

Virtual DOM 是瀏覽器中實際 DOM 的記憶體內虛擬複本（*in-memory virtual copy version*），但更輕量化，並具有額外的功能。它模仿真正的 DOM 結構，但採用不同的資料結構（通常是 `Object`）（見圖 2-3）。

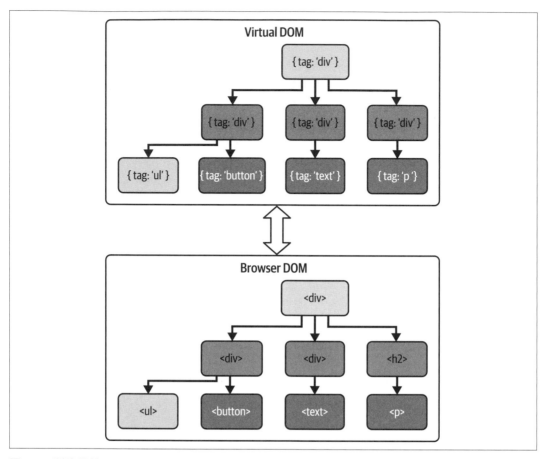

圖 2-3　瀏覽器的 DOM vs. Virtual DOM

在幕後，Virtual DOM 仍使用 DOM API 在瀏覽器中建構和描繪（render）需要更新的元素。因此，它仍會引發瀏覽器的重繪過程，但效率更高。

簡而言之，Virtual DOM 是一種抽象模式，旨在將 DOM 從所有可能導致效能低下的動作（如操作屬性、處理事件和手動更新 DOM 元素）中解放出來。

Virtual DOM 在 Vue 中如何運作

Virtual DOM 位於真實 DOM 和 Vue 應用程式碼之間。下面的範例顯示在 Virtual DOM 中一個節點看起來會是什麼樣子：

```
const node = {
  tag: 'div',
```

```
  attributes: [{ id: 'list-container', class: 'list-container' }],
  children: [ /* 一個陣列的節點 */]
}
```

我們把這個節點稱為 VNode。VNode 是位在 Virtual DOM 中的虛擬節點（*virtual node*），代表真實 DOM 中的實際 DOM 元素。

透過 UI 互動，使用者會告訴 Vue 他們希望元素處於什麼狀態；然後 Vue 會觸發 Virtual DOM，將元素的代表物件（node）更新為所需的形狀，同時追蹤記錄這些變化。最後，它會與實際的 DOM 通訊，並對被更改的節點進行相應的準確更新。

由於 Virtual DOM 是由自訂的 JavaScript 物件所組成的樹狀結構，因此更新元件就等於更新自訂的 JavaScript 物件。這個過程不會花費太長時間。由於我們不呼叫任何 DOM API，因此更新動作不會導致 DOM 重繪（repainting）。

一旦 Virtual DOM 完成更新，它就會與實際 DOM 進行批次同步，從而讓變化反映到瀏覽器上。

圖 2-4 展示添加新串列項目並更改串列項目文字時，如何從 Virtual DOM 更新到實際 DOM。

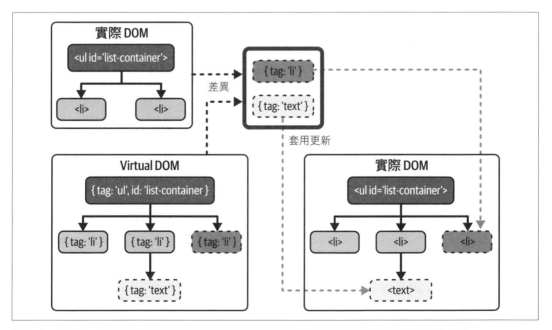

圖 2-4　從 Virtual DOM 更新到實際 DOM 會在串列中添加新元素並更新現有元素的文字

由於 Virtual DOM 是由物件組成的一個樹狀結構，因此修改 Virtual DOM 時，我們可以輕鬆追蹤需要與實際 DOM 同步的特定更新。現在，我們不用直接在實際 DOM 上進行查詢和更新，而是透過單一的描繪函式（render function）在一個更新週期（update cycle）內排程並呼叫更新過的 API，以維持執行效率。

現在我們已經了解 Virtual DOM 的運作方式，接下來會探討 Vue 實體（instance）和 Vue Options API。

Vue App 實體和 Options API

每個 Vue 應用程式最初都以單一個 Vue 元件實體作為應用程式的根（application root）。同一應用程式中建立的任何其他 Vue 元件都需要內嵌在這個根元件中。

 你可以在我們 Vue 專案的 main.ts 中找到初始化程式碼範例。作為建構鷹架過程的一部分，Vite 會自動生成那些程式碼。

你還可以在該檔案中找到本章的範例程式碼。

在 Vue 2 中，Vue 對外開放了一個 Vue 類別（或 JavaScript 函式），供你依據一組設定選項（configuration options）建立 Vue 元件實體，所用的語法如下：

```
const App = {
  // 元件的選項
}
const app = new Vue(App)
```

Vue 接收元件，或者更準確地說，接收元件的組態（configuration）。一個元件的組態是包含元件所有初始設定選項的一個 Object。我們將此引數的結構稱為 *Options API*，它是 Vue 的另一個核心 API。

從 Vue 3 開始，你無法再直接呼叫 new Vue()。取而代之的是使用 vue 套件中的 createApp() 方法創建應用程式實體。此一功能上的變化增強了所建立的每個 Vue 實體在依存關係和共用元件（如果有的話）上的隔離性，以及程式碼的可讀性：

```
import { createApp } from 'vue'

const App = {
  // 元件的選項
}

const app = createApp(App)
```

createApp() 還接受元件組態所構成的一個 Object。根據這些設定，Vue 會創建一個 Vue 元件實體作為其應用程式的根 app。然後，你需要使用 app.mount() 方法將根元件 app 掛載（mount）到目標 HTML 元素，如下所示：

```
app.mount('#app')
```

#app 是應用程式根元素的唯一 id 選擇器（selector）。Vue 引擎會使用此 id 查詢元素，將 app 實體掛載到該元素上，然後在瀏覽器中描繪應用程式。

下一步是提供組態，讓 Vue 根據 Options API 建置元件實體。

 從現在開始，我們將按照 Vue 3 API 標準編寫程式碼。

探索 Options API

Options API 是 Vue 用於初始化 Vue 元件的核心 API。它包含以 Object 格式結構化的元件組態。

我們將其基本特性分為四大類：

狀態處理（*State handling*）

　　包括回傳元件本地資料狀態的 data()、用於觀察特定本地資料的 computed、methods 和 watch，以及用於傳入資料的 props。

描繪（*Rendering*）

　　template 作為 HTML 視圖樣板（view template），而 render() 作為元件的描繪邏輯（rendering logic）。

生命週期掛接器（*Lifecycle hooks*）

　　例如 beforeCreate()、created()、mounted() 等，用於處理元件生命週期的不同階段。

其他（*Others*）

　　例如 provide()、inject()，用於處理不同的自訂方式和元件之間的通訊。還有 components，這是內嵌元件樣板（nested component templates）的集合，可在元件內使用。

以下是基於 Options API 的根 App 元件結構範例：

```
import { createApp } from 'vue'

const App = {
 template: "This is the app's entrance",
}

const app = createApp(App)
app.mount('#app')
```

在前面的程式碼中，HTML 樣板顯示的是常規文字。我們還可以使用 **data()** 函式定義本地的 **data** 狀態，我們將在第 22 頁的「藉由資料特性建立本地狀態」中進一步討論。

你也可以改寫之前的程式碼，使用 render() 函式：

```
import { createApp } from 'vue'

const App = {
 render() {
  return "This is the app's entrance"
 }
}

const app = createApp(App)
app.mount('#app')
```

兩種程式碼都將產生相同的結果（圖 2-5）。

This is the app's entrance

圖 2-5　使用 Options API 編寫根元件的範例輸出

若在瀏覽器的 Developer Tools 中開啟 Elements 分頁，就會看到實際 DOM 現在包含一個 id="app" 的 div 和文字內容 *This is the app's entrance*（圖 2-6）。

```
▼<body>
    <div id="app" data-v-app>This is the app's entrance</div>
    <script type="module" src="/src/main.ts?t=1653374850644"></script>
  </body>
```

圖 2-6　瀏覽器中的 DOM 樹狀結構有包含 app 文字內容的一個 div

你還能建立可以描繪靜態文字的 Description 新元件，它並將之傳入給 App 的 components。然後，你可以把它用作 template 中的內嵌元件，如範例 2-1 所示。

範例 2-1　宣告要在 App 中使用的內部元件樣板

```
import { createApp } from 'vue'

const Description = {
 template: "This is the app's entrance"
};

const App = {
 components: { Description },
 template: '<Description />'
}

const app = createApp(App)
app.mount('#app')
```

輸出結果仍然與圖 2-6 相同。

請注意，在此你必須為元件宣告 template 或 render() 函式（參閱第 179 頁的「Render 函式和 JSX」）。不過，若你是以 Single File Component（SFC）標準編寫元件，則不需要這些特性。我們將在第 3 章討論這個元件標準。

接著，我們來看看 template 的特性語法。

樣板語法

在 Options API 中，template 接受包含有效 HTML 程式碼的單一字串，該字串表示元件的 UI 佈局。Vue 引擎會剖析該值並將其編譯為最佳化的 JavaScript 程式碼，然後據此描繪相關的 DOM 元素。

下面的程式碼演示了我們的根元件 App，它的佈局是顯示 This is the app's entrance 這段文字的單一 div：

```
import { createApp } from 'vue'

const App = {
 template: "<div>This is the app's entrance</div>",
}

const app = createApp(App)
app.mount('#app')
```

對於多層的 HTML 樣板程式碼，我們能使用以 ` 符號表示的反引號字元（backtick characters，JavaScript 的範本字面值）來保持可讀性。我們可以改寫上述範例中 App 的樣板，以包含其他的 h1 和 h2 元素，如下所示：

```
import { createApp } from 'vue'

const App = {
 template: `
 <h1>This is the app's entrance</h1>
 <h2>We are exploring template syntax</h2>
 `,
}

const app = createApp(App)
app.mount('#app')
```

Vue 引擎將在 DOM 中描繪兩個標題（圖 2-7）。

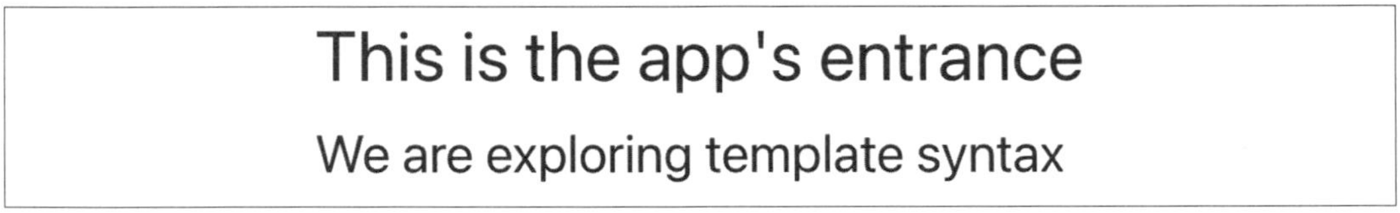

This is the app's entrance
We are exploring template syntax

圖 2-7　元件多層樣板的輸出

template 特性語法對於使用指示詞和專用語法建立特定 DOM 元素與元件本地資料之間的繫結（binding）至關重要。接下來，我們將探討如何定義要在 UI 中顯示的資料。

藉由資料特性建立本地狀態

大多數元件都會保留其本地狀態（local state，或「本地資料」，local data），或接收來自外部的資料。在 Vue 中，我們使用 Options API 的 data() 函式特性來儲存元件的本地狀態。

data() 是匿名函式，它回傳代表元件本地資料狀態的一個物件。我們將回傳的物件稱為資料物件（*data object*）。初始化元件實體時，Vue 引擎會將該資料物件的每個特性（property）新增到其反應性系統（reactivity system）中，以追蹤其變化並相應地觸發 UI 樣板的重新描繪。

簡而言之，資料物件就是元件的反應式狀態（reactive state）。

要在樣板中注入資料特性，我們要使用 *mustache*（鬍子）語法，即雙大括號 {{}}。如範例 2-2 所示，在 HTML 樣板中，我們在需要注入其值的地方使用大括號將資料特性包住。

範例 2-2　注入標題以在 HTML 樣板中顯示

```
import { createApp } from 'vue'

type Data = {
  title: string;
}

const App = {
 template: `
  <div>{{ title }}</div>
 `,
 data(): Data {
  return {
   title: 'My first Vue component'
  }
 }
}

const app = createApp(App)
app.mount('#app')
```

在前面的程式碼中，我們宣告了本地資料特性 title，並使用 {{ title }} 運算式將其值注入 App 的樣板中。在 DOM 中的輸出相當於以下程式碼：

```
<div>My first Vue component</div>
```

你還可以在同一元素標記中將行內靜態文字（inline static text）與雙大括號結合起來：

```
const App = {
 template: `
  <div>Title: {{ title }}</div>
 `,
 /**... */
}
```

Vue 會自動保留靜態文字，只用正確的值替換運算式。結果如下：

```
<div>Title: My first Vue component</div>
```

所有資料物件的特性都可以透過元件實體 this 直接在內部存取。任何元件的區域方法、計算特性（computed properties）和生命週期掛接器（lifecycle hooks）都可以存取 this。例如，建立元件後，我們可以使用掛接器 created() 將 title 列印到主控台（console）：

```
import { createApp, type ComponentOptions } from 'vue'

const App = {
 /**... */
 created() {
  console.log((this as ComponentOptions<Data>).title)
 }
}

const app = createApp(App)
app.mount('#app')
```

 我們將 this 強制轉型為 ComponentOptions<Data> 型別。我們將在 Vue 3 中使用 defineComponent 為 Vue 元件啟用完整的 TypeScript 支援，我們會在第 62 頁的「使用 defineComponent() 實作 TypeScript 支援」中進一步討論。

你可以使用 Vue Devtools 除錯資料特性的反應性。在應用程式的主頁上，開啟瀏覽器的 Developer Tools，前往 Vue 分頁，然後選擇 Inspector 面板中顯示的 Root 元件。選中後，就會出現右側面板，顯示元件資料物件的特性。將滑鼠懸停在 title 特性上時，會出現筆的圖示，能讓你編輯特性值（圖 2-8）。

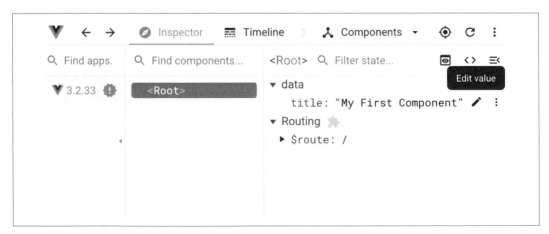

圖 2-8 如何使用 Vue Devtools 除錯和編輯資料特性

點選編輯圖示按鈕，修改 title 值，然後按下 Enter；應用程式 UI 會立即反映出新的值。

你已經學到如何使用 data() 和雙大括號 {{}} 向 UI 樣板注入本地資料。這是一種單向的資料繫結（one-way data binding）。

在探索 Vue 中的雙向繫結（two-way binding）和其他指示詞（directives）之前，我們先來看看 Vue 中的反應性。

Vue 中反應性的運作方式

為了理解反應性（reactivity）的工作原理，我們來快速看一下 Virtual DOM 是如何處理所有接收到的資訊、建立並追蹤已建立的 VNodes，然後再產出至實際 DOM 的（圖 2-9）。

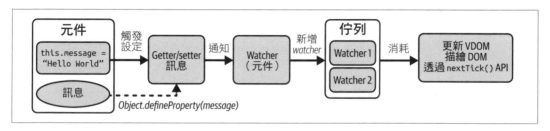

圖 2-9　Virtual DOM 的描繪過程

我們可以將前面的流程圖描述如下：

1. 一旦定義了本地資料，在 Vue.js 2.0 中，Vue 內部引擎就會使用 JavaScript 內建的 Object.defineProperty() 為每段相關資料建立取值器（getters）和設值器（setters），並啟用相關資料的反應性。然而，在 Vue.js 3.0 中，Vue 引擎使用 ES5 基於 Proxy 的機制[1] 來增強效能，從而將執行時期的效能提高了一倍，並將所需記憶體減少了一半。我們將在第 3 章中詳細介紹這種反應性機制。

2. 設定反應性機制後，Vue 引擎會使用 *watcher*（觀察者）物件來追蹤由設值器觸發的任何資料更新。觀察者幫助 Vue 引擎檢測變化，並透過一個佇列（*Queue*）系統更新 Virtual DOM 和實際 DOM。

---

[1] 參閱 JavaScript Proxy 的說明文件（*https://oreil.ly/SRqbn*）。

3. Vue 使用這個佇列系統來避免 DOM 在短時間內多次更新的低效能情況。當相關元件的資料發生變化時，觀察者會將自己新增到佇列中。Vue 引擎會按照特定順序對其進行排序，以便消耗。在 Vue 引擎完成消耗並將該觀察者從佇列中排除之前，無論資料變化的次數如何，佇列中都只存在相同元件的一個觀察者。消耗過程由 nextTick() API 完成，它是一個 Vue 函式。

4. 最後，在 Vue 引擎消耗完畢並排空所有觀察者後，它會觸發每個觀察者的 run() 函式，自動更新元件的真實 DOM 和 Virtual DOM，然後應用程式就會描繪出來。

讓我們展示另一個範例。這一次，我們使用 data() 和輔助的 created() 來演示應用程式中的反應性。created() 是 Vue 引擎在建立好元件實體並將其掛載到 DOM 元素之前觸發的生命週期掛接器。此時，我們不會進一步討論該掛接器，而是使用該掛接器配合 setInterval 對資料特性 counter 進行定時更新：

```
import { createApp, type ComponentOptions } from 'vue'

type Data = {
  counter: number;
}

const App = {
 template: `
  <div>Counter: {{ counter }}</div>
 `,
 data(): Data {
  return {
   counter: 0
  }
 },
 created() {
  const interval = setInterval(() => {
   (this as ComponentOptions<Data>).counter++
  }, 1000);

  setTimeout(() => {
   clearInterval(interval)
  }, 5000)
 }
}

const app = createApp(App)
app.mount('#app')
```

這段程式碼每隔一秒遞增 counter 一次 [2]。我們還使用 setTimeout() 在 5 秒後清除該時間間隔（interval）。在瀏覽器上，你可以看到顯示值每秒漸漸從 0 變為 5。最終輸出將等於字串：

```
Counter: 5
```

學到了 Vue 中反應性（reactivity）和描繪（rendering）的概念後，我們就可以探討如何進行雙向資料繫結了。

使用 v-model 的雙向繫結

雙向繫結（two-way binding）是指我們如何在元件的邏輯與其視圖樣板（view template）之間同步資料。當元件的資料欄位以程式化的方式發生改變時，新值就會反映在其 UI 視圖上。反之亦然，當使用者對 UI 視圖上的資料欄位進行更改時，元件會自動取得並儲存更新後的值，從而保持內部邏輯和 UI 的同步。表單輸入欄位（form input field）就是雙向繫結很好的例子。

雙向資料繫結是一種複雜但有益的應用程式開發用例。雙向繫結的一種常見場景是表單輸入同步化（form input synchronization）。適當的實作可以節省開發時間，降低維護實際 DOM 和元件資料之間一致性的複雜性。但實作雙向繫結是一項挑戰。

幸好，Vue 透過 v-model 指示詞（directive）使雙向繫結變得更加簡單。將 v-model 指示詞繫結到元件的資料模型後，當資料模型發生變化時就會自動觸發樣板更新，反之亦然。

語法也簡單明瞭；傳入給 v-model 的值是 data 回傳物件中宣告的名稱別名（name alias）。

假設我們有一個 NameInput 元件，用於接收使用者的文字輸入，其 template 程式碼如下：

```
const NameInput = {
 template: `
 <label for="name">
  <input placeholder="Enter your name" id="name">
 </label>`
}
```

2　1 秒（second）= 1000 毫秒（milliseconds）。

我們希望將接收到的輸入值與命名為 name 的本地資料模型同步。為此，我們為 input 元素新增 v-model="name"，並在 data() 中宣告相應的資料模型：

```
const NameInput = {
 template: `
 <label for="name">
  Write your name:
  <input
   v-model="name"
   placeholder="Enter your name"
   id="name"
  >
 </label>`,
 data() {
  return {
   name: '',
  }
 }
}
```

每當使用者在執行時期更改 input 欄位，name 的值就會改變。

為了在瀏覽器中描繪該元件，我們將 NameInput 新增為應用程式的元件之一：

```
import { createApp } from 'vue'

const NameInput = {
  /**... */
}

const app = createApp({
 components: { NameInput },
 template: `<NameInput />`,
})

app.mount('#app')
```

你可以在瀏覽器的 Developer Tools 中開啟 Vue 分頁，追蹤這一資料的變化。在 Inspector 分頁中，找到並選擇 Root 元素下的 NameInput 元素，然後就能在 Vue 分頁的右側面板上看到該元件的資料顯示（圖 2-10）。

更改輸入欄位後，Vue 分頁右側顯示的 data 底下的 name 特性也會獲得更新後的值（圖 2-11）。

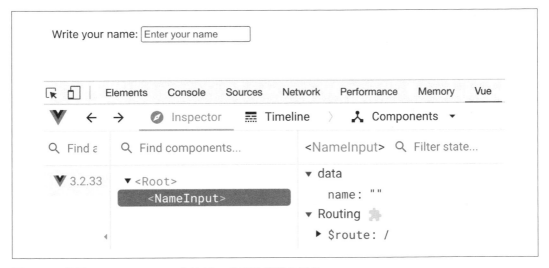

圖 2-10　使用 Developer Tools 中的 Vue 分頁除錯輸入元件

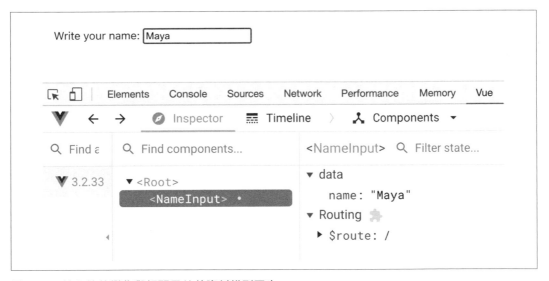

圖 2-11　輸入值的變化與相關元件的資料模型同步

你也可以使用同樣的方法來建置包含多個選項（multiple options）的檢查表（checklist）。在這種情況下，需要將資料模型宣告為 Array，並在每個核取方塊（checkbox）輸入欄位上新增 v-model 繫結。範例 2-3 演示了在 CourseChecklist 上如何進行。

範例 2-3　使用 *v-model* 與核取方塊輸入建立課程檢查表

```
import { createApp } from 'vue'

const CourseChecklist = {
 template: `
 <div>The course checklist: {{list.join(', ')}}</div>
 <div>
 <label for="chapter1">
  <input
   v-model="list"
   type="checkbox"
   value="chapter01"
   id="chapter1"
  >
  Chapter 1
 </label>
 <label for="chapter2">
  <input
   v-model="list"
   type="checkbox"
   value="chapter02"
   id="chapter2"
  >
  Chapter 2
 </label>
 <label for="chapter3">
  <input
   v-model="list"
   type="checkbox"
   value="chapter03"
   id="chapter3"
  >
  Chapter 3
 </label>
 </div>
 `,
 data() {
  return {
   list: [],
  }
 }
}

const app = createApp({
 components: { CourseChecklist },
```

```
  template: `<CourseChecklist />`,
})

app.mount('#app')
```

Vue 會根據使用者的互動，自動在 list 陣列中新增或刪除輸入值（圖 2-12）。

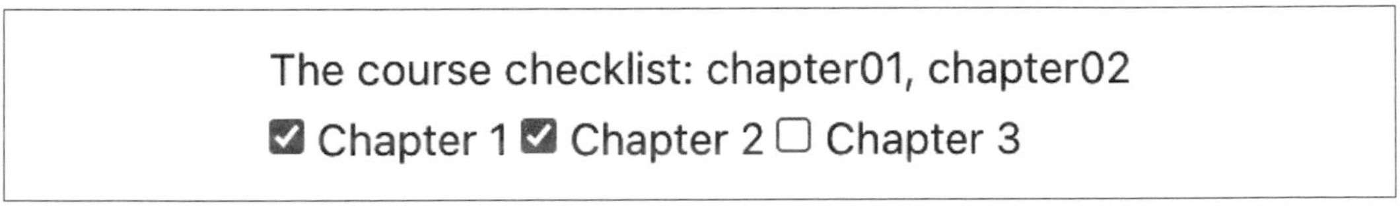

The course checklist: chapter01, chapter02
☑ Chapter 1 ☑ Chapter 2 ☐ Chapter 3

圖 2-12　使用者選擇後的 list 值截圖

使用 v-model.lazy 修飾詞

每次使用者按下一個鍵都更新資料值可能會造成太多負擔，特別是在其他地方顯示該輸入值的時候。請記住，Vue 會根據資料變化重新描繪樣板 UI。若對收到的每次按鍵輸入都啟用雙向同步，就可能會使應用程式面臨不必要的重新描繪。為了減少這種額外負擔，你可以使用 v-model.lazy 修飾詞（modifier）而非普通的 v-model 來與資料模型繫結：

```
const NameInput = {
 template: `
 <label for="name">
  Write your name:
  <input
   v-model.lazy="name"
   placeholder="Enter your name"
   id="name"
  >
 </label>`,
 data() {
  return {
   name: '',
  }
 }
}
```

此修飾詞可確保 v-model 只追蹤由該輸入元素的 onChange 事件觸發的變更。

使用 v-model.number 和 v-model.trim 修飾詞

如果繫結到 v-model 的資料模型是數字型別,可以使用修飾詞
v-model.number 將輸入值變換為數字。

同樣地,若要確保字串資料模型沒有尾隨的空白,可以改為使用
v-model.trim。

這就是雙向繫結的全部內容。接下來,我們將研究更常見的單向繫結指示詞 v-bind。

使用 v-bind 繫結反應式資料和傳遞特性資料

在此之前,我們學會使用 v-model 進行雙向繫結,以及使用雙大括號 {{}} 進行單向資料注入。但要將資料作為屬性(attribute)值與其他元素進行單向繫結,或作為特性(props)與其他 Vue 元件單向繫結,我們會用 v-bind。

v-bind 是應用程式中用到最多的 Vue 指示詞,以 : 表示。我們可以按照以下語法將元素的屬性(或元件的特性)等繫結到 JavaScript 運算式:

```
v-bind:<attribute>="<expression>"
```

或者以簡寫的 : 語法:

```
:<attribute>="<expression>"
```

舉例來說,我們有 imageSrc 資料,是一張圖片的 URL。要使用 <img> 標記顯示該影像,我們要對其 src 屬性進行以下繫結:

範例 2-4　繫結圖像來源

```
import { createVue } from 'vue'

const App = {
 template: `
  <img :src="imageSrc" />
 `,
 data() {
  return {
   imageSrc: "https://res.cloudinary.com/mayashavin/image/upload/TheCute%20Cat"
  }
 }
}
```

```
const app = createApp(App)

app.mount('#app')
```

Vue 會取得 imageSrc 的值並將其繫結到 src 屬性，從而在 DOM 上生成以下程式碼：

```
<img src="https://res.cloudinary.com/mayashavin/image/upload/TheCute%20Cat" >
```

只要 imageSrc 的值發生變化，Vue 就會更新 src。

此外，還可以在元素上新增 v-bind 作為獨立屬性。v-bind 可接受一個物件，其中包含要繫結為特性的所有屬性，以及要作為它們值的運算式。範例 2-5 改寫了範例 2-4，以演示這種用例：

範例 2-5　使用一個物件為影像繫結來源和替代文字

```
import { createVue } from 'vue'

const App = {
 template: `
  <img v-bind="image" />
 `,
 data() {
  return {
   image: {
    src: "https://res.cloudinary.com/mayashavin/image/upload/TheCute%20Cat",
    alt: "A random cute cate image"
   }
  }
 }
}

const app = createApp(App)

app.mount('#app')
```

在範例 2-5 中，我們將帶有兩個特性（src 表示影像 URL，而 alt 表示替代文字）的 image 物件繫結到 <img> 元素上。Vue 引擎會根據特性名稱自動將 image 剖析為相關的屬性，然後在 DOM 中生成以下 HTML 程式碼：

```
<img
 src="https://res.cloudinary.com/mayashavin/image/upload/TheCute%20Cat"
 alt="A random cute cate image"
>
```

繫結至類別和樣式屬性

繫結到 class（類別）或 style（樣式）屬性時，可以透過陣列或物件型別傳入運算式。
Vue 引擎知道如何剖析並將其合併為適當的樣式或類別名稱字串。

舉例來說，我們來為範例 2-5 中的 img 新增一些類別：

```
import { createVue } from 'vue'

const App = {
 template: `
  <img v-bind="image" />
 `,
 data() {
  return {
   image: {
    src: "https://res.cloudinary.com/mayashavin/image/upload/TheCute%20Cat",
    alt: "A random cute cate image",
    class: ["cat", "image"]
   }
  }
 }
}

const app = createApp(App)

app.mount('#app')
```

這段程式碼會產生 <img> 元素，其類別為單一字串 "cat image"，如下所示：

```
<img
 src="https://res.cloudinary.com/mayashavin/image/upload/TheCute%20Cat"
 alt="A random cute cate image"
 class="cat image"
>
```

你還可以透過將 class 屬性繫結到物件來達成動態類別名稱，該物件的特性值取決於
Boolean 的 isVisible 資料值：

```
import { createVue } from 'vue'

const isVisible = true;

const App = {
 template: `
  <img v-bind="image" />
 `,
```

```
  data() {
   return {
    image: {
     src: "https://res.cloudinary.com/mayashavin/image/upload/TheCute%20Cat",
     alt: "A random cute cate image",
     class: {
      cat: isVisible,
      image: !isVisible
      }
     }
    }
   }
  }

const app = createApp(App)

app.mount('#app')
```

在此，我們定義 img 元素在 isVisible 為 true 時具備 cat 類別，否則為 image 類別。當 isVisible 為 true 時生成的 DOM 元素現在變成了：

```
<img
 src="https://res.cloudinary.com/mayashavin/image/upload/TheCute%20Cat"
 alt="A random cute cate image"
 class="cat" >
```

當 isVisible 為 false 時，輸出也類似，只是類別名稱從 cat 變為了 image。

你也可以對 style 屬性使用相同的做法，或者傳入包含 CamelCase 格式 CSS 規則的物件。例如，我們來為範例 2-5 中的圖片新增一些邊距（margins）：

```
import { createVue } from 'vue'

const App = {
 template: `
  <img v-bind="image" />
 `,
 data() {
  return {
   image: {
    src: "https://res.cloudinary.com/mayashavin/image/upload/TheCute%20Cat",
    alt: "A random cute cate image",
    style: {
     marginBlock: '10px',
     marginInline: '15px'
    }
   }
```

```
    }
   }
  }

  const app = createApp(App)

  app.mount('#app')
```

這段程式碼為 img 元素生成行內樣式（inline stylings），套用 margin-block: 10px 和 margin-inline: 15px。

你還可以將多個樣式物件結合成一個 style 陣列。Vue 知道如何將它們合併成單一的樣式規則字串，如下所示：

```
import { createVue } from 'vue'

const App = {
 template: `
  <img v-bind="image" />
 `,
 data() {
  return {
   image: {
    src: "https://res.cloudinary.com/mayashavin/image/upload/TheCute%20Cat",
    alt: "A random cute cate image",
    style: [{
     marginBlock: "10px",
     marginInline: "15px"
    }, {
     padding: "10px"
    }]
   }
  }
 }
}

const app = createApp(App)

app.mount('#app')
```

輸出的 DOM 元素將是：

```
<img
 src="https://res.cloudinary.com/mayashavin/image/upload/TheCute%20Cat"
 alt="A random cute cate image"
 style="margin-block: 10px; margin-inline: 15px; padding: 10px" >
```

為樣式使用 *v-bind*

一般來說，行內樣式（inline style）不是很好的實務做法。因此，我不建議使用 v-bind 來組織元件的樣式。我們將在第 3 章討論在 Vue 中處理樣式的正確方式。

接下來，讓我們在 Vue 元件中迭代資料群集（data collection）。

使用 v-for 迭代資料群集

動態的串列描繪（list rendering）對於減少重複程式碼、提高程式碼可重用性，以及保持一組類似元素型別之間格式的一致性至關重要。例如文章、活躍使用者和你追蹤的 TikTok 帳號的串列。在這些例子中，資料是動態的，而內容類型和 UI 佈局則保持相似。

Vue 提供 v-for 指示詞，用來達成迭代（iterating through）資料群集（如陣列或物件）的目標。我們按照以下語法在元素上直接使用這個指示詞：

```
v-for = "elem in list"
```

elem 只是資料來源 list 中每個元素的別名。

舉例來說，若要迭代數字陣列 [1, 2, 3, 4, 5]，並列印出元素值，我們可以使用下列程式碼：

```
import { createApp } from 'vue'

const List = {
 template: `
  <ul>
   <li v-for="number in numbers" :key="number">{{number}}</li>
  </ul>
 `,
 data() {
  return {
   numbers: [1, 2, 3, 4, 5]
  };
 }
};

const app = createApp({
 components: { List },
 template: `<List />`
```

```
})

app.mount('#app')
```

這段程式碼等同於編寫以下原生 HTML 程式碼：

```
<ul>
 <li>1</li>
 <li>2</li>
 <li>3</li>
 <li>4</li>
 <li>5</li>
</ul>
```

使用 v-for 的顯著優勢是，無論資料來源如何隨時間變化，都能保持樣板（template）的一致性，並將資料內容動態映射到相關元素。

v-for 迭代生成的每個區塊都可以存取其他元件的資料和特定的串列項目。以範例 2-6 為例。

範例 2-6　使用 v-for 編寫任務清單元件

```
import { createApp } from 'vue'

const List = {
 template: `
 <ul>
  <li v-for="task in tasks" :key="task.id">
   {{title}}: {{task.description}}
  </li>
 </ul>
 `,
 data() {
  return {
   tasks: [{
    id: 'task01',
    description: 'Buy groceries',
   }, {
    id: 'task02',
    description: 'Do laundry',
   }, {
    id: 'task03',
    description: 'Watch Moonknight',
   }],
   title: 'Task'
  }
 }
```

```
}

const app = createApp({
 components: { List },
 template: `<List />`
})

app.mount('#app')
```

圖 2-13 顯示輸出結果：

- Task: Buy groceries
- Task: Do laundry
- Task: Watch Moonknight

圖 2-13　每列都帶有預設標題的任務清單輸出

用 *Key* 屬性保持獨特性

在這裡，我們必須為迭代的每個元素定義唯一的 key 屬性。Vue 使用該屬性來追蹤所描繪的每個元素，以便日後更新。有關其重要性的討論，請參閱第 41 頁的「使用 Key 屬性使元素繫結具有唯一性」。

此外，v-for 還支援選擇性的第二個引數 index，即當前元素在迭代的群集中出現的索引。我們可以將範例 2-6 改寫如下：

```
import { createApp } from 'vue'

const List = {
 template: `
 <ul>
  <li v-for="(task, index) in tasks" :key="task.id">
   {{title}} {{index}}: {{task.description}}
  </li>
 </ul>
 `,
 //...
}

//...
```

該程式碼區塊會產生以下輸出（圖 2-14）：

- Task 0: Buy groceries
- Task 1: Do laundry
- Task 2: Watch Moonknight

圖 2-14　帶有各個任務索引的任務清單輸出

到目前為止，我們已經介紹過陣列群集的迭代。接著我們來看看如何迭代物件的特性。

迭代物件的特性

在 JavaScript 中，Object（物件）是一種鍵值與值映射表（*key-value map table*），每個物件的特性（property）都是該表的唯一鍵值（*unique key*）。要迭代物件的特性，我們可以使用與陣列迭代類似的語法：

```
v-for = "(value, name) in collection"
```

這裡的 value 代表特性的值（value），name 代表該特性的鍵值（key）。

下面顯示了我們如何迭代物件群集的特性，並依據 <name>: <value> 這種格式印出每個特性的 name 和 value：

```
import { createApp } from 'vue'

const Collection = {
 data() {
  return {
   collection: { ❶
    title: 'Watch Moonknight',
    description: 'Log in to Disney+ and watch all the chapters',
    priority: '5'
   }
  }
 },
 template: `
<ul>
 <li v-for="(value, name) in collection" :key="name"> ❷
  {{name}}: {{value}}
 </li>
</ul>
 `,
}
```

```
const app = createApp({
 components: { Collection },
 template: `<Collection />`
})

app.mount('#app')
```

❶ 定義 collection 物件，其中包含三個特性：title、description 和 priority

❷ 迭代過 collection 的特性

圖 2-15 顯示了其輸出。

```
title: Watch Moonknight

description: Log in to Disney+ and watch all the chapters

priority: 5
```

圖 2-15　帶預設標題的群集（collection）物件輸出

我們仍然可以使用當前對組（pair）的索引作為第三個引數，語法如下：

```
v-for = "(value, name, index) in collection"
```

如前所述，我們必須為迭代的每個元素定義 key 屬性值。這個屬性對於元素更新繫結（element update binding）的唯一性非常重要。接下來我們將探討 key 屬性。

使用 Key 屬性使元素繫結具有唯一性

Vue 引擎透過簡單的就地修補策略（in-place patch）追蹤和更新用 v-for 描繪的元素。然而，在不同的場景中，我們可能需要完全控制串列的順序重排，或者在串列元素仰賴其子元件的狀態時，防止不必要的行為。

Vue 提供一個額外的屬性 key，作為每個節點元素的唯一識別，繫結到某個特定的迭代串列項目。Vue 引擎將其作為一種提示來追蹤、重用和重排所描繪的節點及其內嵌元素，而不是進行就地修補。

key 屬性的語法很簡單。我們使用 v-bind:key（簡寫為 :key）將一個獨特的值繫結到那個串列元素上：

```
<div v-for="(value, name, index) in collection" :key="index">
```

保持 *Key* 的唯一性

key 應該是該項目（item）的唯一識別字（*distinct identifier*，*id*）或其在串列中的外觀索引（*appearance index*）。

作為一種良好的實務做法，使用 v-for 時，請務必提供 key 屬性。

儘管如此，如果 key 屬性沒有出現，Vue 會在瀏覽器主控台發出警告。此外，若在應用程式中啟用 ESLint，它還會擲出錯誤並立即警告你少了 key 屬性，如圖 2-16 所示。

```
<div v-for="name in names">

[vue/require-v-for-key]
Elements in iteration expect to have 'v-bind:key' directives.
```

圖 2-16　key 沒有出現時 ESLint 的警告

Key 屬性的有效值

key 應該是字串或數值。物件或陣列並非有效的鍵值。

key 屬性非常有用，甚至在 v-for 的範疇之外也是如此。若沒有 key 屬性，就無法套用內建的串列過場（transition）和動畫（animation）效果。我們將在第 8 章討論 key 的更多好處。

使用 v-on 為元素新增事件聆聽者

為了將 DOM 事件繫結到聆聽者（listener），Vue 為元素標記（element tags）提供內建指示詞 v-on（簡寫為 @）。v-on 指示詞接受下列的值型別：

- 字串形式的一些行內 JavaScript 述句（statements）
- 在元件選項中的 methods 特性底下宣告的元件方法（component method）之名稱

我們以下列格式使用 v-on：

```
v-on:<event>= "<inline JavaScript code / name of method>"
```

或者使用 @ 的簡短版本：

```
@<event>="<inline JavaScript code / name of method>"
```

 從這裡開始，我們將使用 @ 來表示 v-on。

然後將此指示詞作為屬性直接新增到任何元素上：

```
<button @click= "printMsg='Button is clicked!'">
Click me
</button>
```

為了保證程式碼的可讀性，尤其是在複雜的源碼庫中，我建議將 JavaScript 運算式保留在元件的方法中，並透過它在指示詞上的名稱對外開放使用，如範例 2-7 所示。

範例 2-7　使用 v-on 指示詞在點擊按鈕時更改 printMsg 的值

```
import { createApp, type ComponentOptions } from 'vue'

type Data = {
  printMsg: string;
}

const App = {
 template: `
  <button @click="printMessage">Click me</button>
  <div>{{ printMsg }}</div>
 `,
 methods: {
  printMessage() {
   (this as ComponentOptions<Data>).printMsg = "Button is clicked!"
  }
 },
 data(): Data {
  return {
   printMsg: "Nothing to print yet!",
  }
 }
}

const app = createApp(App)

app.mount("#app");
```

如果使用者沒有點擊按鈕，按鈕下方的顯示訊息將是「Nothing to print yet.」（圖 2-17）。

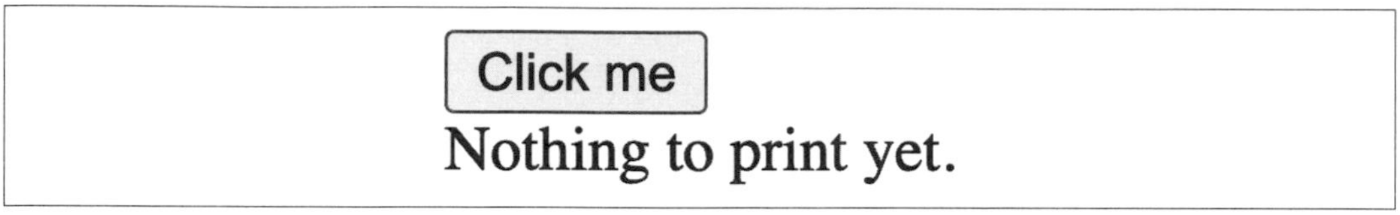

圖 2-17　預設情況下顯示「Nothing to print yet.」訊息

否則，訊息將變為「Button is clicked!」（圖 2-18）。

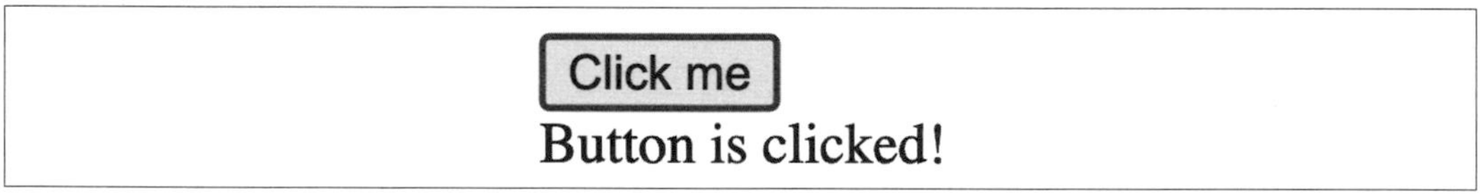

圖 2-18　使用者點擊按鈕後出現「Button is clicked!」訊息

使用 v-on 事件修飾詞處理事件

在向目標元素派發事件之前，瀏覽器會使用當前的 DOM 樹狀結構建構該事件的傳播路徑串列（propagation path list）。此路徑中的最後節點就是目標本身，前面的其他節點則依序分別是目標的各個祖系節點（ancestors）。事件一旦發出，就會經過一個或全部的三個主要事件階段（圖 2-19）：

捕捉（或「捕捉階段」，*capture phase*）

　　事件從頂層祖系（top ancestor）向下傳遞（或傳播）到目標元素。

目標（*Target*）

　　事件發生在目標元素上。

事件反昇（*Bubbling*）

　　事件從目標元素向上移動（或「泡泡式上昇」）到其祖系元素。

我們通常會在聆聽者邏輯（listener logic）中以程式化的方式對事件傳播流（event propagation flow）進行干預。使用 v-on 的修飾詞，我們可以直接在指示詞層級上進行干預。

請按照以下格式使用 v-on 修飾詞：

```
v-on:<event>.<modifier>
```

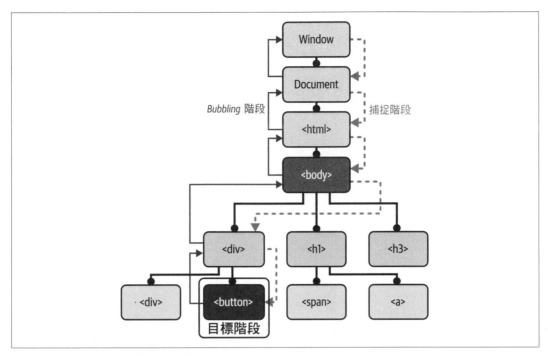

圖 2-19　點擊（click）事件的傳播過程

修飾詞的優點是，它可以盡可能保持聆聽者的泛用性和可重用性。我們不需要在內部擔心事件的特定細節，例如 preventDefault 或 stopPropagation。

以範例 2-8 為例。

範例 2-8　使用 *stopPropagation()* 手動停止傳播

```
const App = {
 template: `
  <button @click="printMessage">Click me</button>
 `,
 methods: {
  printMessage(e: Event) {
   if (e) {
    e.stopPropagation()
   }
```

```
      console.log("Button is clicked!")
    }
  },
}
```

在此，我們必須自己使用 e.stopPropagation 停止傳播，新增另一個驗證層（validation layer）以確保 e 的存在。範例 2-9 展示如何使用 @click.stop 修飾詞改寫範例 2-8。

範例 2-9　使用 @click.stop 修飾詞停止傳播

```
const App = {
 template: `
  <button @click.stop="printMessage">Click me</button>
  `,
 methods: {
  printMessage() {
   console.log("Button is clicked!")
  }
 },
}
```

表 2-1 列出可用的事件修飾詞的完整清單，並簡要解釋了等效的事件功能或行為。

表 2-1　v-on 指示詞的事件修飾詞

修飾詞	說明
.stop	取代 event.stopPropagation() 呼叫
.prevent	取代 event.preventDefault() 呼叫
.self	只有在事件的目標是我們接附該聆聽者的元素時，才會觸發事件聆聽者。
.once	最多觸發事件聆聽者一次
.capture	取代傳入 { capture: true } 作為 addEventListener() 的第三個參數，或在元素中加上 capture="true"。此修飾詞依照捕捉階段順序觸發聆聽者，而不是常規的事件反昇（bubbling）階段順序。
.passive	主要用來選擇較佳的捲動效能（scroll performance），並防止觸發 event.preventDefault()。我們用它來代替將 { passive: true } 傳入作為 addEventListener() 的第三個參數，或在元素上加入 passive="true"。

鏈串修飾詞

事件修飾詞（event modifiers）支援鏈串（chaining）。這意味著你可以在元素標記上編寫諸如 @click.stop.prevent=" printMessage"> 這樣的運算式。這個運算式等同於在事件處理器（event handler）內同時呼叫 event.stopPropagation() 和 event.preventDefault()，以它們出現的順序呼叫。

使用 Key Code 修飾詞偵測鍵盤事件

事件修飾詞用於干預事件傳播過程,而按鍵修飾詞(*key modifiers*)則有助於偵測鍵盤事件(keyboard events)中的特殊按鍵,如 keyup、keydown 與 keypress。

通常,要偵測特定按鍵,我們需要進行兩個步驟:

1. 識別出其按鍵碼 key、或該按鍵所表示的 code。舉例來說,Enter 的 keyCode 是 13,它的 key 是 "Enter",而 code 則為 "Enter"。

2. 啟動事件處理器時,我們需要在處理器中手動檢查 event.keyCode(或 event.code 或 event.key)是否與目標按鍵碼匹配。

這種做法對於在大型源碼庫中維護程式碼的可重用性和簡潔性並不是很有效。v-on 內建的按鍵修飾詞是一種更好的替代做法。如果我們要偵測使用者是否按下了 *Enter* 鍵,我們可以在相關的 keydown 事件上加入修飾詞 .enter,並遵循使用事件修飾詞時的相同語法。

假設我們有一個輸入(input)元素,每當使用者按下 *Enter*,我們就會向主控台記錄一條訊息,如範例 2-10 所示。

範例 2-10　手動檢查 keyCode 是否為表示 Enter 鍵的 13

```
const App = {
 template: `<input @keydown="onEnter" >`,
 methods: {
  onEnter(e: KeyboardEvent) {
   if (e.keyCode === '13') {
    console.log('User pressed Enter!')
   }

   /*...*/
  }
 }
}
```

現在我們可以使用 @keydown.enter 改寫它。

範例 2-11　透過 @keydown.enter 修飾詞檢查 Enter 鍵是否有被按下

```
const App = {
 template: `<input @keydown.enter="onEnter" >`,
 methods: {
  onEnter(e: KeyboardEvent) {
```

```
      console.log('User pressed Enter!')
     /*...*/
    }
   }
  }
```

在這兩種情況下，應用程式的行為都是一樣的。

其他一些常用的按鍵修飾詞包括 .tab、.delete、.esc 和 .space。

另一種熱門用例是捕捉特殊的按鍵組合（keys combination），如 *Ctrl & Enter*（MacOS 則為 *CMD & Enter*）或 *Shift + S*。在這些情況下，我們會將系統按鍵修飾詞（.shift、.ctrl、.alt 和 MacOS 中 *CMD* 鍵的 .meta）與按鍵碼（*key code*）修飾詞進行鏈串，如下範例所示：

```
<!-- Ctrl + Enter -->
<input @keyup.ctrl.13="onCtrlEnter">
```

或者將 shift 修飾詞和 S 鍵（keyCode 為 83）的按鍵碼修飾詞鏈串使用：

```
<!-- Shift + S -->
<input @keyup.shift.83="onSave">
```

 鏈串系統修飾詞和按鍵碼修飾詞

你必須使用按鍵碼修飾詞，而非標準按鍵修飾詞，即使用 .13 代替 .enter 來進行這種鏈串。

此外，為了捕捉觸發事件的確切（exact）組合鍵，我們使用 .exact 修飾詞：

```
<button @click.shift.exact="onShiftEnter" />
```

將 .shift 和 .exact 結合使用，可確保只有在點擊按鈕的同時使用者有按下 Shift 鍵，點擊事件（click event）才會觸發。

使用 v-if、v-else 和 v-else-if 的條件式元素描繪

我們還可以從 DOM 中生成或移除元素，這種情況稱為條件式描繪（*conditional rendering*）。

假設我們有一個 Boolean 資料特性 isVisible，它決定 Vue 是否應將一個文字元素描繪到 DOM 中，使其對使用者可見。透過在文字元素上放置 v-if="isVisible"，將指示詞 v-if 與 isVisible 繫結，就能僅在 isVisible 為 true 時才反應式地描繪該元素（範例 2-12）。

範例 *2-12*　*v-if* 的範例用法

```
import { createVue } from 'vue'

const App = {
 template: `
  <div>
   <div v-if="isVisible">I'm the text in toggle</div>
   <div>Visibility: {{isVisible}}</div>
  </div>
  `,
 data() {
  return {
   isVisible: false
  }
 }
}

const app = createApp(App)

app.mount('#app')
```

設定 isVisible 為 false 時，所產生的 DOM 元素會像這樣：

```
<div>
 <!--v-if-->
 <div>Visibility: false</div>
</div>
```

否則，該文字元素將在 DOM 中可見：

```
<div>
 <div>I'm the text in toggle</div>
 <div>Visibility: true</div>
</div>
```

如果我們想在相反的條件下（isVisible 為 false 時）描繪不同的元件，v-else 就是正確的選擇。與 v-if 不同，使用 v-else 時無須繫結任何資料特性。它根據在同一層情境中緊接在前的 v-if 來獲取正確的條件值。

使用 *v-else*

v-else 只有在 v-if 存在時才會發揮作用，而且在鏈串的條件式描繪中必須總是最後出現。

舉例來說，如範例 2-13 所示，我們可以用以下同時包含 v-if 和 v-else 的程式碼區塊建立一個元件。

範例 *2-13　使用 v-if 和 v-else 條件式地顯示不同文字*

```
import { createVue } from 'vue'

const App = {
 template: `
  <div>
   <div v-if="isVisible">I'm the visible text</div>
   <div v-else>I'm the replacement text</div>
  </div>
 `,
 data() {
  return {
   isVisible: false
  }
 }
}

const app = createApp(App)

app.mount('#app')
```

簡而言之，你可以將前面的條件轉化為類似的邏輯運算式：

```
<!-- 如果 isVisible 為 true，就描繪 -->
<div>I'm the visible text</div>
<!-- 否則描繪 -->
<div>I'm the replacement text</div>
```

就像在任何 if...else 邏輯運算式中那樣，我們都可以使用 else if 條件區塊來擴充條件檢查。這個條件區塊等同於一個 v-else-if 指示詞，也需要一個 JavaScript 條件述句。範例 2-14 展示了當 isVisible 為 false 且 showSubtitle 為 true 時，如何顯示文字 I'm the subtitle text。

範例 *2-14* 使用 *v-if*、*v-else-if* 和 *v-else* 進行條件鏈串

```
import { createVue } from 'vue'

const App = {
 template: `
  <div v-if="isVisible">I'm the visible text</div>
  <div v-else-if="showSubtitle">I'm the subtitle text</div>
  <div v-else>I'm the replacement text</div>
 `,
 data() {
  return {
   isVisible: false,
   showSubtitle: false,
  }
 }
}

const app = createApp(App)

app.mount('#app')
```

v-else-if 的順序

若要使用 v-else-if，就必須在指定了 v-if 屬性的元素之後出現的元素上
使用。

雖然使用 v-if 可以有條件地描繪元素，但在某些情況下，頻繁地從 DOM 掛載
（mount）或卸載（unmount）元素並不是很有效率。

在這種情況下，最好使用 v-show。

使用 v-show 有條件地顯示元素

不同於 v-if，v-show 只切換目標元素的可見性（visibility）。無論條件檢查的狀態如何，
Vue 都仍會描繪（renders）目標元素。描繪完成後，Vue 會使用 CSS display 規則控制
可見性，從而有條件地隱藏或顯示該元素。

以範例 2-12 為例，將指示詞 v-if 改為 v-show，如範例 2-15 所示。

範例 *2-15* 使用 *v-show* 隱藏或顯示元素

```
import { createVue } from 'vue'

const App = {
 template: `
  <div>
   <div v-show="isVisible">I'm the text in toggle</div>
   <div>Visibility: {{isVisible}}</div>
  </div>
  `,
 data() {
  return {
   isVisible: false
  }
 }
}

const app = createApp(App)

app.mount('#app')
```

UI 輸出與使用 v-if 時相同。不過，在瀏覽器 DOM 中（你可在 *Developer Tools* 的 *Elements* 分頁中除錯），該文字元素存在於 DOM 中，只是使用者看不到：

```
<div>
 <div style="display: none;">I'm the text in toggle</div>
 <div>Visibility: false</div>
</div>
```

該目標元素套用了 display:none 的行內樣式。將 isVisible 切換為 true 時，Vue 會移除這個行內樣式。

 如果執行時期的切換頻率較高，v-show 會更有效率；若是條件不太可能改變，v-if 則是最終選擇。

使用 v-html 動態顯示 HTML 程式碼

我們使用 v-html 將一般的 HTML 程式碼以字串的形式動態地注入 DOM，如範例 2-16 所示。

範例 2-16　使用 *v-html* 描繪內層 *HTML* 內容

```
import { createVue } from 'vue'

const App = {
 template: `
  <div v-html="innerContent" />
 `,
 data() {
  return {
   innerContent: `
    <div>Hello</div>
   `
  }
 }
}

const app = createApp(App)

app.mount('#app')
```

Vue 引擎會將該指示詞的值剖析為靜態 *HTML* 程式碼，並將其放入 div 元素的 innerHTML 特性中。結果看起來應該像這樣：

```
<div>
 <div>Hello</div>
</div>
```

> *v-html* 的安全考量
>
> 你應該只使用 v-html 來描繪信任的內容或進行伺服器端描繪（server-side rendering）。
>
> 此外，有效的 HTML 字串可能包含一個 script 標記，瀏覽器會觸發這個 script 標記中的程式碼，從而導致潛在的安全威脅。因此，不建議在客戶端描繪（client-side rendering）時使用這個指示詞。

使用 v-text 顯示文字內容

v-text 是除雙大括號 {{}} 之外注入資料作為元素內容的另一種方式。不過，與 {{}} 不同的是，若有任何變化，Vue 不會更新描繪的文字。

需要預先定義預留位置的文字，然後在元件載入完成後只覆寫該文字一次時，這個指示詞就很有用：

```
import { createVue } from 'vue'

const App = {
 template: `
  <div v-text="text">Placeholder text</div>
  `,
 data() {
  return {
   text: `Hello World`
  }
 }
}

const app = createApp(App)

app.mount('#app')
```

在這裡，Vue 將描繪會顯示預留位置文字（*placeholder text*）的應用程式，並最終用從 text 接收到的「Hello World」替換它。

使用 v-once 和 v-memo 進行最佳化的描繪

v-once 可幫助描繪（render）靜態內容，並在重新描繪靜態元素時維持效能不變。Vue 只會描繪一次（*once*）帶有此指示詞的元素，而且無論是否重新描繪，都不會更新。

要使用 v-once，請將該指示詞原樣放在元素標記上：

```
import { createVue } from 'vue'

const App = {
 template: `
  <div>
   <input v-model="name" placeholder="Enter your name" >
  </div>
  <div v-once>{{name}}</div>
  `,
 data() {
  return {
   name: 'Maya'
  }
 }
}

const app = createApp(App)

app.mount('#app')
```

在上述範例中，Vue 只為 div 標記描繪了一次 name，無論 name 透過 input 欄位和 v-model 從使用者那裡接收到什麼值，這個 div 的內容都不會更新（圖 2-20）。

```
Maya Shavin
Maya
```

圖 2-20　雖然輸入值已更動，但文字保持不變

v-once 非常適合用來將元素區塊定義為靜態內容，而我們使用 v-memo 來有條件地記住（memorize）一個樣板中的組成部分（或元件）區塊。

v-memo 接受由 JavaScript 運算式所組成的一個陣列作為其值。我們將其放置在頂端元素上，以控制其及其子元素的重新描繪。然後，Vue 會驗證那些 JavaScript 條件運算式，只在條件滿足時才會觸發目標元素區塊的重新描繪。

以描繪圖卡展示區為例。假設我們有一個圖片陣列。每張圖片都是包含 title、url 和 id 的物件。使用者可以透過點選圖片來選擇它，而被選中的圖片將帶有藍色邊框（blue border）。

首先，我們在元件資料物件中定義 images 資料陣列和 selected 圖卡的 id：

```
const App = {
  data() {
    return {
    selected: null,
    images: [{
      id: 1,
      title: 'Cute cat',
      url:
'https://res.cloudinary.com/mayashavin/image/upload/w_100,h_100,c_thumb/TheCute%20Cat',
    }, {
      id: 2,
      title: 'Cute cat no 2',
      url:
'https://res.cloudinary.com/mayashavin/image/upload/w_100,h_100,c_thumb/cute_cat',
    }, {
      id: 3,
      title: 'Cute cat no 3',
      url:
'https://res.cloudinary.com/mayashavin/image/upload/w_100,h_100,c_thumb/cat_me',
    }, {
      id: 4,
      title: 'Just a cat',
```

```
        url:
'https://res.cloudinary.com/mayashavin/image/upload/w_100,h_100,c_thumb/cat_1',
      }]
      }
    }
  }
```

然後，我們在 template 中定義串列描繪（list rendering）的佈局，為串列項目新增條件
式記憶 v-memo，只在圖片項目不再被選中（selected）時才重新描繪，反之亦然：

```
const App = {
 template: `
 <ul>
  <li
   v-for="image in images"
   :key="image.id"
   :style=" selected === image.id ? { border: '1px solid blue' } : {}"
   @click="selected = image.id"
   v-memo="[selected === image.id]" ❶
  >
   <img :src="image.url">
   <div>{{image.title}}</h2>
  </li>
 </ul>
 `,
 data() {
  /*..*/
 }
}
```

❶ 我們將之設定為僅當條件檢查 selected === image.id 的結果與之前檢查的結果不同
   時，才重新描繪。

輸出結果將如圖 2-21 所示。

Cute cat　　Cute cat number 2　　Cute cat number 3　　Just a cat

圖 2-21　圖片展示區的輸出

每次點選圖卡選擇圖片時，Vue 只會重新描繪兩個項目：之前選擇的項目和當前選擇的項目。對於大型串列的描繪最佳化，該指示詞的效用非常強大。

v-memo 的可用性

v-memo 僅適用於 Vue 3.2 及以上版本。

我們已經學會了如何使用 template 語法和一些常用的 Vue 指示詞編寫元件，但還有 v-slot 尚未提到。我們將在第 3 章回頭討論 v-slot 的強大功能。

接下來，我們將學習如何全域地註冊元件，使其可以在同一應用程式的其他元件中使用，而無須明確地匯入。

全域地註冊元件

使用 Options API 的 components 特性註冊（register）元件，只能讓它得以在當前元件中使用。嵌入在當前元件中的任何內嵌元素都無法取用所註冊的元件。

Vue 對外開放了實體方法 Vue.component()，該方法接收兩個輸入參數作為引數：

- 一個字串，代表元件的註冊名稱（別名）。

- 一個元件實體，既可以是作為模組匯入的 SFC，也可以是包含元件組態的物件（遵循 Options API）。

要全域地註冊元件，我們會在所創建的 app 實體上觸發 component()，如範例 2-17 所示。

範例 2-17　將 MyComponent 註冊為全域元件並在 App 樣板中使用它

```
/* main.ts */
import { createApp } from 'vue'

//1. 建立 app 實體
const app = createApp({
 template: '<MyComponent />'
});

//2. 定義元件
const MyComponent = {
 template: 'This is my global component'
}
```

```
//3. 全域地註冊元件
app.component('MyComponent', MyComponent)

app.mount('#app')
```

如果你有作為 SFC 檔案（參閱第 3 章）的 MyComponent，則可以將範例 2-17 改寫如下：

```
/* main.ts */
import { createApp } from 'vue'
import App from './App.vue'
import MyComponent from './components/MyComponent.vue'

//1. 建立 app 實體
const app = createApp(App);

//2. 全域地註冊元件
app.component('MyComponent', MyComponent);
```

而 MyComponent 將始終可在 app 實體中內嵌的任何元件中重複使用。

在每個元件檔案中再次匯入相同的元件既重複又不方便。現實中，有時你需要跨應用程式多次重複使用元件。在這種情況下，將元件註冊為全域元件（global components）是一種很好的實務做法。

總結

本章探討了 Virtual DOM 以及 Vue 如何用它來達成效能目標。我們學到如何使用 JSX 和函式型元件控制元件的描繪（rendering）、掌握內建的 Vue 指示詞，並使用它們處理元件的本地資料，以便反應式地顯示在 UI 樣板上。我們還學習了反應性（reactivity）的基礎知識，以及如何使用 Options API 和樣板語法創建並註冊 Vue 元件。這些都是下一章進一步學習 Vue 元件機制的基石。

第三章

撰寫元件

在上一章中，你學習了 Vue 的基礎知識，以及如何使用 Options API 編寫帶有常用指示詞的 Vue 元件。現在，你已準備好深入下一層級：使用反應性（reactivity）和掛接器（hooks）撰寫更複雜的 Vue 元件。

本章將介紹 Vue 的 Single File Component（SFC，單一檔案元件）標準、元件生命週期掛接器（lifecycle hooks）以及其他進階的反應式功能，如計算特性（computed properties）、觀察者（watchers）、方法（methods）和參考（refs）。你還將學習使用插槽（slots）來動態描繪元件的不同部分，同時用樣式（styles）來維持元件的結構。本章結束時，你將能夠在應用程式中編寫複雜的 Vue 元件。

Vue 的單一檔案元件結構

Vue 引入了一種新的檔案格式標準，即 Vue SFC，延伸檔名為 .vue。使用 SFC，你可以在同一個檔案中為元件編寫 HTML 樣板程式碼、JavaScript 邏輯和 CSS 樣式，每個部分都有其專用的程式碼段。Vue SFC 包含三個基本程式碼區段（code sections）：

Template（樣板）

這個 HTML 程式碼區塊描繪（renders）元件的 UI 視圖（view）。它應該只在每個元件的最高階元素上出現一次。

Script（指令稿）

這個 JavaScript 程式碼區塊含有元件的主要邏輯，每個元件檔案最多只能出現一次。

Style（樣式）

這個 CSS 程式碼區塊包含元件的樣式。它並非必須，在每個元件檔案中可根據需要多次出現。

範例 3-1 是名為 MyFirstComponent 的 Vue 元件之 SFC 檔案結構。

範例 3-1　*MyFirstComponent* 元件的 *SFC* 結構

```
<template>
 <h2 class="heading">I am a a Vue component</h2>
</template>
<script lang="ts">
export default {
 name: 'MyFistComponent',
};
</script>
<style>
.heading {
   font-size: 16px;
}
</style>
```

我們也可以將非 SFC 的元件程式碼重構為 SFC，如圖 3-1 所示。

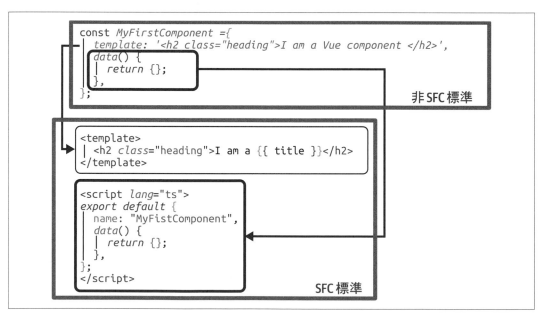

圖 3-1　將元件從非 SFC 格式重構為 SFC 格式

如圖 3-1 所示，我們進行了下列重構：

- 將作為 template 欄位的字串值提供的 HTML 程式碼移至 Single File Component 的 `<template>` 區段。

- 將 MyFirstComponent 邏輯的其餘部分移至 Single File Component 的 `<script>` 區段，作為 export default {} 物件的一部分。

使用 TypeScript 的訣竅

你 應 該 在 `<script>` 語 法 中 為 TypeScript 新 增 屬 性 lang="ts"，就 像 `<script lang="ts">`，這樣 Vue 引擎就知道如何據此處理程式碼格式。

由於 .vue 檔案格式是一種獨特的延伸標準，因此需要使用特殊的建置工具（編譯器和轉譯器），如 Webpack、Rollup 等，將相關檔案預先編譯成適當的 JavaScript 和 CSS，以便在瀏覽器端提供服務。使用 Vite 建立新專案時，Vite 已在構築鷹架的過程中設置好了這些工具。然後，你就能將元件作為 ES 模組匯入，並將其宣告為內部 components，以便在其他元件檔案中使用。

以下是匯入位於 components 目錄中的 MyFirstComponent 以在 App.vue 元件中使用的範例：

```ts
<script lang="ts">
import MyFirstComponent from './components/MyFirstComponent.vue';

export default {
 components: {
  MyFirstComponent,
 }
}
</script>
```

如範例 3-2 所示，你可以在 template 區段參考其名稱來使用匯入的元件，可以用 CamelCase 或蛇形大小寫（snake case）：

範例 3-2　如何使用匯入的元件

```
<template>
 <my-first-component />
 <MyFirstComponent />
</template>
```

這段程式碼會生成 MyFirstComponent 元件的內容兩次，如圖 3-2 所示。

I am a a Vue component
I am a a Vue component

圖 3-2　MyFirstComponent 的輸出

 範例 3-2 中元件的 template 包含兩個根元素。這種分割（fragmentation）
功能僅在 Vue 3.x 以後的版本中可用。

我們學到如何使用 SFC 格式建立並使用 Vue 元件。正如你所注意到的，我們在 script
標記中定義了 lang="ts"，以告知 Vue 引擎我們使用 TypeScript。因此，Vue 引擎將對元
件 script 和 template 區段中的任何程式碼或運算式進行更嚴格的型別驗證。

然而，要在 Vue 中充分享受 TypeScript 的優勢，我們得在定義元件時使用
defineComponent() 方法，我們會在下一節學到。

使用 defineComponent() 實作 TypeScript 支援

defineComponent() 方法是包裹器函式（wrapper function），它接受由組態
（configurations）構成的一個物件，並回傳帶有型別推論（type inference）的相同物
件，用於定義元件。

 defineComponent() 方法僅在 Vue 3.x 及之後版本中可用，並且只在必須使
用 TypeScript 時才有效。

範例 3-3 展示如何使用 defineComponent() 來定義元件。

範例 3-3　使用 *defineComponent()* 定義元件

```
<template>
  <h2 class="heading">{{ message }}</h2>
</template>
<script lang="ts">
import { defineComponent } from 'vue';
```

```
export default defineComponent({
  name: 'MyMessageComponent',
  data() {
    return {
      message: 'Welcome to Vue 3!'
    }
  }
});
</script>
```

若你使用 VSCode 作為 IDE，並安裝了 Volar 擴充功能（*https://oreil.ly/lmnvd*），則懸停在 template 區段中的 message 上時，會看到 message 的型別為 string，如圖 3-3 所示。

```
:omponents > ▼ MyFirstComponent.vue > {} script > [@] default
    <template>                    (property) message: string
      <h2 class="heading">{{ message }}</h2>
    </template>
```

圖 3-3　為 MyMessageComponent 的 message 特性所產生的型別會在懸停時顯示

只有在使用複雜元件（如透過 this 實體存取元件特性）時，才應使用 defineComponent() 來獲得 TypeScript 支援。否則，你可以使用定義 SFC 元件的標準方法。

 在本書中，你將看到傳統元件定義做法和 defineComponent() 的結合。你可以自由決定哪種方法最適合你。

接下來，我們將探討元件的生命週期及其掛接器。

元件生命週期掛接器

Vue 元件的生命週期（lifecycle）從 Vue 實體化（instantiates）元件時開始，到銷毀元件實體（或卸載）時結束。

Vue 將元件的生命週期分為幾個階段（圖 3-4）。

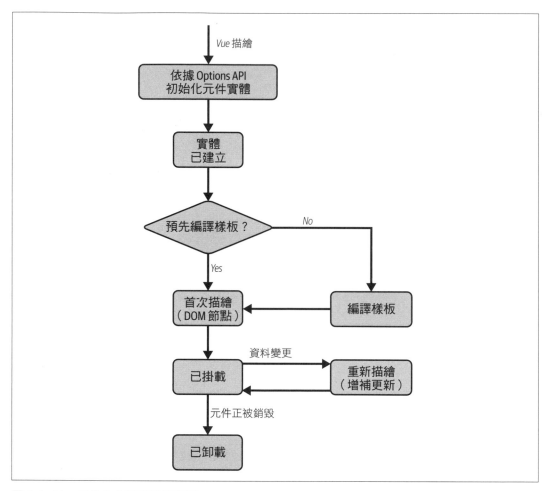

圖 3-4　Vue 元件生命週期的流程圖

初始化階段（*Initialize phase*）

Vue 描繪器（renderer）會載入元件的選項組態（option configurations），並為建立元件實體做好準備。

創建階段（*Creating phase*）

Vue 描繪器會建立元件實體（component instance）。如果樣板需要編譯，則在進入下一階段前還會有額外的編譯步驟。

首次描繪階段（*First render phase*）

Vue 描繪器會建立並在其 DOM 樹狀結構中插入元件的 DOM 節點。

掛載階段（*Mounting phase*）

如圖 3-5 所示，元件的內嵌元素已經掛載並接附到了元件的 DOM 樹狀結構。然後，Vue 描繪器會將元件接附到其父容器（parent container）上。從這個階段開始，你就可以存取元件的 $el 特性，它代表了元件的 DOM 節點。

更新階段（*Updating phase*）

只有當元件的反應式資料發生變化時才有作用。此時，Vue 描繪器會使用新資料重新描繪元件的 DOM 節點，並執行增補更新。與掛載階段類似，更新過程也是先更新子元素，然後再更新元件本身。

卸載階段（*Unmounting phase*）

Vue 描繪器會將元件從 DOM 卸離，並銷毀實體及其所有反應式資料效果。這是生命週期的最後階段，會在該元件不再於應用程式中使用時發生。類似於更新和掛載階段，一個元件只有在其所有子元件都卸載後才能卸載自身。

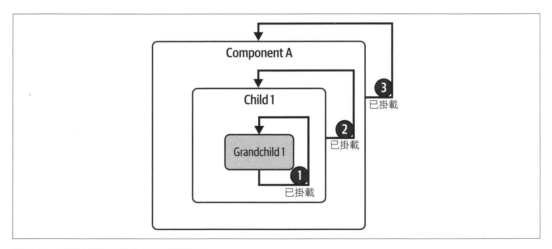

圖 3-5　元件及其子元件的掛載順序

Vue 允許你將一些事件（events）接附到這些生命週期階段之間的特定變換上，以達成更好的元件流程控制。我們稱這些事件為生命週期掛接器（lifecycle hooks）。接下來的章節將介紹 Vue 中可用的生命週期掛接器。

setup

setup 是元件生命週期開始前的第一個事件掛接器。此掛接器會在 Vue 實體化元件之前執行一次。在此階段，元件實體並不存在，因此無法存取 this：

```
export default {
  setup() {
    console.log('setup hook')
    console.log(this) // undefined
  }
}
```

 setup 掛接器的一種替代方法是在元件的 script 標記區段加上 setup 屬性（ `<script setup>` ）。

setup 掛接器主要與 Composition API 搭配使用（我們將在第 5 章學到更多資訊）。其語法如下：

```
setup(props, context) {
  // ...
}
```

setup() 接受兩個引數：

props

包含傳入給元件的所有特性（props）的一個物件，使用元件選項物件的 props 欄位宣告。props 的每個特性都是反應式資料（reactive data）。你不需要將 props 作為 setup() 回傳物件的一部分。

context

一個非反應式物件，包含元件的情境（context），如 attrs、slot、emit 和 expose。

 若用了 `<script setup>`，你就得使用 defineProps() 來定義和存取這些特性。請參閱第 118 頁的「使用 defineProps() 和 withDefaults() 宣告 Props」。

setup() 回傳一個物件，其中包含對元件內部反應式狀態和方法、以及任何靜態資料的所有參考。假設你使用的是 `<script setup>`，則無須回傳任何東西。在那種情況下，Vue

會在編譯過程中將此語法中宣告的所有變數和函式自動轉譯為相應的 setup() 回傳物件。然後，你就能在樣板或元件選項物件的其他部分中使用 this 關鍵字存取它們。

範例 3-4 展示如何使用 setup() 掛接器定義會印出靜態訊息的元件。

範例 3-4　使用 setup() 掛接器定義元件

```
import { defineComponent } from 'vue';

export default defineComponent({
  setup() {
    const message = 'Welcome to Vue 3!'
    return {
      message
    }
  }
})
```

請注意，message 不是反應式資料。要使其成為反應式資料，必須使用 Composition API 中的 ref() 函式包裹它。我們將在第 142 頁的「使用 ref() 和 reactive() 處理資料」中學到更多。此外，我們不再需要將 message 定義為 data() 物件的一部分，從而減少了元件中非必要的反應式資料量。

另外，如範例 3-5 所示，也可以使用 <script setup> 語法編寫前面的元件。

範例 3-5　使用 <script setup> 語法定義元件

```
<script setup lang='ts'>
const message = 'Welcome to Vue 3!'
</script>
```

使用 <script setup> 代替 setup() 的好處是，它有內建的 TypeScript 支援。因此，不需要使用 defineComponent()，編寫元件所需的程式碼也較少。

使用 setup() 掛接器時，還可以結合 h() 描繪函式（render function），根據 props 和 context 引數為元件回傳一個描繪器（renderer），如範例 3-6 所示。

範例 3-6　使用 setup() 掛接器和 h() 描繪函式定義元件

```
import { defineComponent, h } from 'vue';

export default defineComponent({
  setup(props, context) {
    const message = 'Welcome to Vue 3!'
```

```
        return () => h('div', message)
    }
})
```

想建立會依據傳入給它的特性描繪不同靜態 DOM 結構的元件或無狀態的函式型元件
（stateless functional component）時，使用 setup() 和 h() 會很有幫助（圖 3-6 顯示了
Chrome Devtools 的 Vue 分頁中範例 3-6 的輸出）。

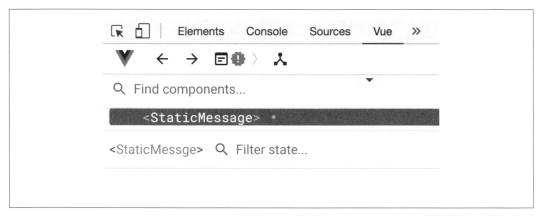

圖 3-6　使用 h() 描繪函式的無狀態元件在 Vue Devtools 中看起來的樣子

 從這裡開始，如果可行，我們將使用 <script setup> 語法來演示元件的
setup() 掛接器的使用案例，因為它簡單易用。

beforeCreate

beforeCreate 會在 Vue 描繪器建立元件實體之前執行。此時 Vue 引擎已經初始化了
元件，但尚未觸發 data() 函式或計算任何 computed 特性。因此，沒有可用的反應式
資料。

created

此掛接器會在 Vue 引擎建立元件實體之後執行。在此階段，元件實體已經存在，並且
包含反應式資料、觀察者、計算特性和定義的方法。不過，Vue 引擎尚未將其掛載到
DOM。

created 掛接器會在元件的首次描繪（*first render*）之前執行。它有助於執行任何需要使用 this 的任務，例如將資料從外部資源載入到元件中。

beforeMount

此掛接器會在 created 之後執行。此時 Vue 描繪（Vue render）已建立了元件實體，並在元件的首次描繪之前編譯它的樣板以進行描繪。

mounted

此掛接器在元件首次描繪後執行。在此階段，你可以透過 ++ 特性存取元件描繪好的 DOM 節點。你可以使用此掛接器對元件的 DOM 節點執行額外的副作用計算（side-effect calculations）。

beforeUpdate

當本地資料狀態發生變化，Vue 描繪器會更新元件的 DOM 樹狀結構。此掛接器在更新過程開始之後執行，你仍可使用它在內部修改元件的狀態。

updated

此掛接器在 Vue 描繪器更新元件的 DOM 樹狀結構後執行。

 updated、beforeUpdate、beforeMount 和 mounted 掛接器在伺服器端描繪（server-side rendering，SSR）中不可用。

請謹慎使用此掛接器，因為它會在元件進行任何 *DOM* 更新後執行。

 在 *updated* 掛接器內更新本地狀態
在此掛接器中必定不得變動元件的本地資料狀態。

beforeUnmount

此掛接器在 Vue 描繪器開始卸載元件之前執行。此時，元件的 DOM 節點 $el 仍然可用。

unmounted

此掛接器在卸載過程成功完成且元件實體不再可用後執行。此掛接器可清理額外的觀察者（observers）或效果（effects），如 DOM 事件聆聽器。

 在 Vue 2.x 中，應使用 beforeDestroy 和 destroyed 分別代替 beforeUnmount 和 mounted。

beforeUnmounted 和 unmounted 掛接器在伺服器端描繪（SSR）中不可用。

總之，我們可以使用生命週期掛接器重新繪製元件的生命週期圖，如圖 3-7 所示。

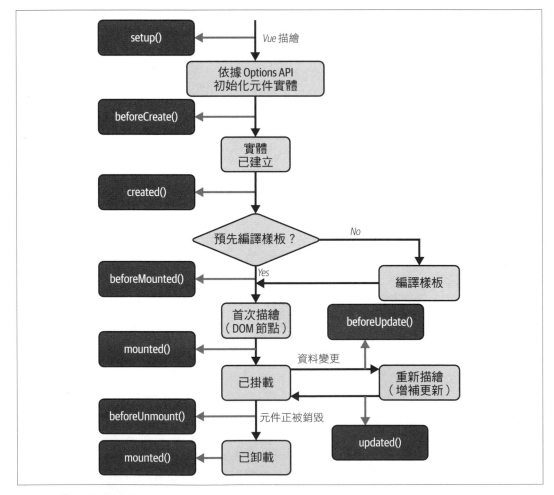

圖 3-7　帶有掛接器的 Vue 元件生命週期流程圖

我們可以用範例 3-7 中的元件來實測每個生命週期掛接器的執行順序。

範例 3-7　生命週期掛接器的主控台記錄

```ts
<template>
    <h2 class="heading">I am {{message}}</h2>
    <input v-model="message" type="text" placeholder="Enter your name" />
</template>
<script lang="ts">
  import { defineComponent } from 'vue'

  export default defineComponent({
    name: 'MyFistComponent',
    data() {
      return {
        message: ''
      }
    },
    setup() {
      console.log('setup hook triggered!')
      return {}
    },
    beforeCreate() {
      console.log('beforeCreate hook triggered!')
    },
    created() {
      console.log('created hook triggered!')
    },
    beforeMount() {
      console.log('beforeMount hook triggered!')
    },
    mounted() {
      console.log('mounted hook triggered!')
    },
    beforeUpdate() {
      console.log('beforeUpdate hook triggered!')
    },
    updated() {
      console.log('updated hook triggered!')
    },
    beforeUnmount() {
      console.log('beforeUnmount hook triggered!')
    },
  });
</script>
```

在瀏覽器的 Inspector 主控台中執行這段程式碼後，我們將看到圖 3-8 所示的輸出結果。

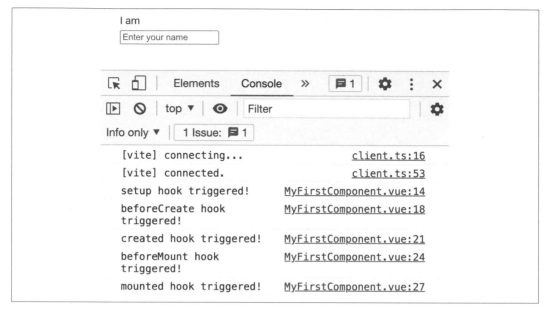

圖 3-8　首次描繪中 MyFirstComponent 的主控台記錄輸出掛接器的順序

當我們更改 message 特性的值時，元件會重新描繪，主控台輸出如圖 3-9 所示。

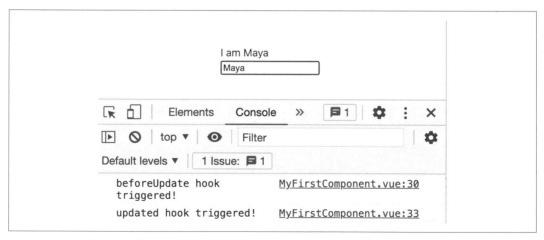

圖 3-9　第二次描繪時只觸發 beforeUpdate 和 updated 掛接器

我們還可以在 Vue Devtools 的 Timeline 分頁，即 Vue Devtools 的 Performance 區段檢視
生命週期的順序，如圖 3-10 所示的首次描繪。

圖 3-10　首次描繪中 MyFirstComponent 的時間軸

當元件重新描繪時，Vue Devtools 分頁會顯示時間軸事件記錄，如圖 3-11 所示。

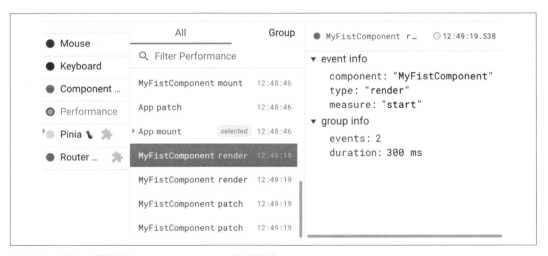

圖 3-11　第二次描繪中 MyFirstComponent 的時間軸

前面的每個生命週期掛接器都有益處。表 3-1 列出每個掛接器最常見的用例。

表 3-1　為正確的目的使用正確的掛接器

生命週期掛接器	使用時機
beforeCreate	需要在不修改元件資料的情況下載入外部邏輯時。
created	需要將外部資料載入到元件中時。從外部資源讀取或寫入資料時，這個掛接器比 mounted 掛接器更好用。
mounted	需要執行任何 DOM 操作或存取元件的 DOM 節點 this.$el。

至此，我們已經學到了元件的生命週期順序及其可用掛接器。接下來，我們將了解如何使用 method 特性建立常見的元件邏輯，並將其組織到方法中。

方法

方法（methods）是不依存於元件資料的邏輯，儘管我們可以在方法中使用 this 實體存取元件的本地狀態。元件的方法是在 methods 特性中定義的函式。如範例 3-8 所示，我們可以定義方法來反轉（reverse）message 特性。

範例 3-8　定義反轉 *message* 特性的方法

```ts
<script lang="ts">
import { defineComponent } from 'vue'

export default defineComponent({
  name: 'ReversedMessage',
  data() {
    return {
      message: '',
    };
  },
  methods: {
    reverseMessage():string {
      return this.message.split('').reverse().join('')
    },
  },
});
</script>
```

範例 3-9 展示如何在元件樣板中使用 reverseMessage 方法。

範例 3-9　在樣板上輸出反轉過的訊息

```html
<template>
  <h2 class="heading">I am {{reverseMessage()}}</h2>
  <input v-model="message" type="text" placeholder="Enter your message" />
</template>
```

當使用者在瀏覽器中輸入一個訊息（message）值時，我們會看到圖 3-12 中的輸出。

I am !euV olleH
Hello Vue!

圖 3-12　基於 message 值的反轉訊息

你還可以修改 reverseMessage 方法，讓它接受一個字串引數，從而使其更易於重複使用，並減少對 this.message 的依賴，如範例 3-10 所示。

範例 3-10　定義反轉字串的方法

```ts
<script lang="ts">
import { defineComponent } from 'vue'

export default defineComponent({
  name: 'MyFistComponent',
  data() {
    return {
      message: '',
    };
  },
  methods: {
    reverseMessage(message: string):string {
      return message.split('').reverse().join('')
    },
  },
});
</script>
```

而在 template 區段，我們重構了範例 3-9，並將 message 作為 reverseMessage 方法的輸入參數：

```
<template>
  <h2 class="heading">I am {{reverseMessage(message)}}</h2>
  <input v-model="message" type="text" placeholder="Enter your message" />
</template>
```

輸出結果仍與圖 3-12 相同。

此外，我們還可以使用 this 實體在元件的其他特性或生命週期掛接器中觸發元件的方法。舉例來說，我們可以將 reverseMessage 拆成兩個較小型的方法 reverse() 和 arrToString()，如下程式碼所示：

```
/**... */
methods: {
  reverse(message: string):string[] {
    return message.split('').reverse()
  },
  arrToString(arr: string[]):string {
    return arr.join('')
  },
  reverseMessage(message: string):string {
    return this.arrToString(this.reverse(message))
  },
},
```

方法有助於保持元件邏輯的條理性。Vue 僅在一個方法有相關時才會觸發它（就像範例 3-9 那樣在樣板中被呼叫），從而允許我們從本地資料動態地計算出新的資料值。然而，對於方法而言，Vue 不會快取每次觸發的結果，每次重新描繪時，它總是會重新執行方法。因此，在需要計算新資料的情況下，最好使用計算特性，也就是我們接下來要討論的主題。

計算特性

計算特性（computed properties）是 Vue 的獨特功能，它允許你從元件的任何反應式資料計算出新的反應式資料特性。每個計算特性都是會回傳一個值的函式，位於 computed 特性欄位中。

範例 3-11 展示如何定義新的計算特性 reversedMessage，它以相反的順序回傳元件的本地資料 message。

範例 3-11　以相反順序回傳元件本地訊息的計算特性

```
import { defineComponent } from 'vue'

export default defineComponent({
  name: 'ReversedMessage',
  data() {
    return {
      message: 'Hello Vue!'
    }
  },
  computed: {
    reversedMessage() {
      return this.message.split('').reverse().join('')
    }
  }
})
```

存取計算出的 reversedMessage 的方式與存取元件任何本地資料的方式相同。範例 3-12 展示如何根據輸入的 message 值輸出所計算的 reversedMessage。

範例 3-12　計算特性的範例

```
<template>
  <h2 class="heading">I am {{ reversedMessage }}</h2>
  <input v-model="message" type="text" placeholder="Enter your message" />
</template>
```

範例 3-12 的輸出與圖 3-12 相同。

你還可以在 Vue Devtools 的 Components 分頁中追蹤計算特性（圖 3-13）。

圖 3-13　Components 分頁中的計算特性 reversedMessage

同樣地，在元件的邏輯中，你可以透過 this 實體存取計算特性的值，作為其區域資料特性。你還可以根據計算特性的值計算出新的計算特性。如範例 3-13 所示，我們可以將 reversedMessage 特性值的長度加到新特性 reversedMessageLength 中。

範例 3-13　新增 *reversedMessageLength* 計算特性

```
import { defineComponent } from 'vue'

export default defineComponent({
  /**... */
  computed: {
    reversedMessage() {
      return this.message.split('').reverse().join('')
    },
    reversedMessageLength() {
      return this.reversedMessage.length
    }
  }
})
```

Vue 引擎會自動快取計算特性的值，並且只在相關的反應式資料發生變化時，才會重新計算其值。如範例 3-12 所示，只有當 message 發生變化時，Vue 才會更新 reversedMessage 計算特性的值。如果你想在元件中的其他位置顯示或重用 reversedMessage 值，Vue 將不需要重新計算其值。

使用計算特性有助於將複雜的資料修改動作組織成可重複使用的資料區塊。因此，它可以減少所需的程式碼量，保持程式碼的簡潔性，同時提升元件的效能。使用計算特性還能讓你快速為任何反應式資料特性設置自動觀察者（automatic watcher），方法是讓它們出現在計算特性函式的實作邏輯中。

不過，在某些情況下，這種自動觀察者機制可能會為保持元件的效能穩定帶來額外負擔。在這種情況下，我們可以考慮透過元件的 watch 特性欄位來使用觀察者。

觀察者

觀察者（watchers）允許你以程式化的方式觀察元件中任何反應式資料特性的變化並進行處理。每個觀察者都是函式，接收兩個引數：所觀察資料的新值（newValue）和當前值（oldValue）。然後，它會根據這兩個輸入參數執行任何邏輯。我們可以按照以下語法，在元件選項的 watch 特性欄位中新增反應式資料的觀察者，從而定義它：

```
watch: {
  'reactiveDataPropertyName'(newValue, oldValue) {
    // 做些事情
  }
}
```

你需要將 reactiveDataPropertyName 替換為我們想要觀察的目標元件資料之名稱。

範例 3-14 展示如何定義新的觀察者來觀察元件本地資料 message 的變化。

範例 3-14 觀察元件本地訊息是否有變化的觀察者

```
export default {
  name: 'MyFirstComponent',
  data() {
    return {
      message: 'Hello Vue!'
    }
  },
  watch: {
    message(newValue: string, oldValue: string) {
      console.log(`new value: ${newValue}, old value: ${oldValue}`)
    }
  }
}
```

在此範例中，我們定義一個 message 觀察者，用於觀察 message 特性的變化。只要 message 的值發生變化，Vue 引擎就會觸發這個觀察者。圖 3-14 顯示了該觀察者的主控台記錄輸出。

圖 3-14　訊息變更時的主控台記錄輸出

如範例 3-15 所示，我們可以使用 message 上的觀察者和 data() 欄位，而不是計算特性，來實作範例 3-11 中的 reservedMessage。

範例 3-15　觀察元件本地訊息變化並更新 *reversedMessage* 值的觀察者

```
import { defineComponent } from 'vue'

export default defineComponent({
  name: 'MyFirstComponent',
  data() {
    return {
      message: 'Hello Vue!',
      reversedMessage: 'Hello Vue!'.split('').reverse().join('')
    }
  },
  watch: {
    message(newValue: string, oldValue: string) {
      this.reversedMessage = newValue.split('').reverse().join('')
    }
  }
})
```

輸出結果與圖 3-12 相同。不過，在這個特定案例下，不建議使用這種做法，因為它的效率比使用計算特性還低。

 副作用（side effects）是由觀察者或計算特性所觸發的任何附加邏輯。副作用會影響元件的效能，因此應謹慎處理。

你可以直接將處理器函式（handler function）指定給觀察者名稱。Vue 引擎會以觀察者的一組預設組態自動呼叫該處理器。不過，你也可以使用表 3-2 中的欄位，傳入一個物件給觀察者的名稱，以自訂觀察者的行為。

表 3-2　觀察者物件的欄位

觀察者的欄位	說明	接受的型別	預設值	是否必要？
handler	目標資料的值發生變化時觸發的回呼函式。	function	N/A	是
deep	指出 Vue 是否應觀察目標資料內嵌特性的變化（如果有的話）。	boolean	false	否
immediate	指出是否在掛載元件後立即觸發處理器。	boolean	false	否
flush	指出處理器執行的時間順序。預設情況下，Vue 會在更新 Vue 元件之前觸發處理器。	pre、post	pre	否

觀察內嵌特性的變化

deep 選項欄位允許你觀察所有內嵌特性（nested properties）的變化。以 UserWatcher Component 中的 user 物件資料為例，它有兩個內嵌特性：name 和 age。我們使用 deep 選項欄位定義 user 觀察者，觀察 user 物件內嵌特性的變化，如範例 3-16 所示。

範例 3-16　觀察 user 物件內嵌特性是否變化的觀察者

```
import { defineComponent } from 'vue'

type User = {
  name: string
  age: number
}

export default defineComponent({
  name: 'UserWatcherComponent',
  data(): { user: User } {
    return {
      user: {
        name: 'John',
        age: 30
      }
    }
  },
  watch: {
    user: {
      handler(newValue: User, oldValue: User) {
        console.log({ newValue, oldValue })
      },
      deep: true
    }
  }
})
```

如範例 3-17 所示，在 UserWatcherComponent 的樣板區段，我們接收 user 物件欄位 name 和 age 的輸入。

範例 3-17　UserWatcherComponent 的樣板區段

```
<template>
  <div>
    <div>
      <label for="name">Name:
        <input v-model="user.name" placeholder="Enter your name" id="name" />
      </label>
```

```
        </div>
        <div>
          <label for="age">Age:
            <input v-model="user.age" placeholder="Enter your age" id="age" />
          </label>
        </div>
      </div>
    </template>
```

在此例中,只要 user.name 或 user.age 的值發生變化,Vue 引擎就會觸發 user 觀察者。圖 3-15 顯示我們更改 user.name 的值時,該觀察者的主控台記錄輸出。

圖 3-15　user 物件的內嵌特性發生變化時的主控台記錄輸出

圖 3-15 顯示 user 的新值和舊值完全相同。這是因為 user 物件仍然是同一個實體,只不過其 name 欄位的值發生了變化。

此外,一旦我們開啟 deep 旗標,Vue 引擎就會遍歷(traverse)user 物件的所有特性及其內嵌特性,然後觀察它們是否有變化。因此,當 user 物件包含更複雜的內部資料結構時,這可能會導致效能問題。在這種情況下,最好指定要監控的內嵌特性,如範例 3-18 所示。

範例 3-18　觀察使用者名稱變化的觀察者

```
//...
export default defineComponent({
  //...
  watch: {
    'user.name': {
      handler(newValue: string, oldValue: string) {
        console.log({ newValue, oldValue })
      },
    },
```

```
  }
});
```

這裡我們只觀察 user.name 特性的變化。圖 3-16 顯示了該觀察者的主控台記錄輸出。

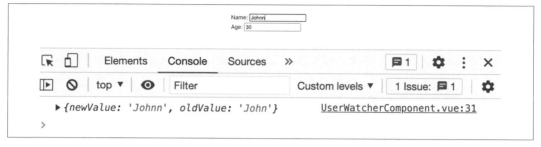

圖 3-16 僅在使用者物件的名稱改變時輸出主控台記錄

你可以使用以點分隔的路徑（dot-delimited path）來啟用對特定子特性的觀察，無論其內嵌得有多深。舉例來說，如果 use 有這樣的結構：

```
type User = {
  name: string;
  age: number;
  address: {
    street: string;
    city: string;
    country: string;
    zip: string;
  };
}
```

假設你需要觀察 user.address.city 的變化，你可以使用「*user.address.city*」作為觀察者名稱，以此類推。透過這種做法，你可以避免在深度觀察時出現不必要的效能問題，並將觀察者的範疇縮小到你實際需要的特性。

使用 this.$watch() 方法

在大多數情況下，watch 選項就足以處理你的觀察者需求。然而，在某些情況下，若非必要，你也不想啟用某些觀察者。舉例來說，你可能希望僅在 user 物件的 address 特性不為 null 時啟用 user.address.city 觀察者。在這種情況下，你可以使用 this.$watch() 方法在創建元件時就有條件地建立觀察者。

`this.$watch()` 方法接受下列參數：

- 要監視的目標資料的字串名稱

- 作為觀察者處理器（handler）的回呼函式（callback function），會在目標資料值發生變化時觸發

`this.$watch()` 回傳一個函式，你可以呼叫它來停止觀察者。範例 3-19 中的程式碼展示如何使用 `this.$watch()` 方法建立監視器，以觀察 `user.address.city` 的變化。

範例 3-19　觀察使用者地址中城市欄位是否變化的觀察者

```
import { defineComponent } from "vue";
import type { WatchStopHandle } from "vue";

//...
export default defineComponent({
  name: "UserWatcherComponent",
  data(): { user: User; stopWatchingAddressCity?: WatchStopHandle } {
    return {
      user: {
        name: "John",
        age: 30,
        address: {
          street: "123 Main St",
          city: "New York",
          country: "USA",
          zip: "10001",
        },
      },
      stopWatchingAddressCity: undefined, ❶
    };
  },
  created() {
    if (this.user.address) { ❷
      this.stopWatchingAddressCity = this.$watch(
        "user.address.city",
        (newValue: string, oldValue: string) => {
          console.log({ newValue, oldValue });
        }
      );
    }
  },
  beforeUnmount() {
    if (this.stopWatchingAddressCity) { ❸
      this.stopWatchingAddressCity();
    }
```

```
    },
  });
```

❶ 定義用於儲存觀察者回傳函式的 stopWatchingAddressCity 特性。

❷ 只有在 user 物件的 address 物件特性可用時，才為 user.address.city 建立觀察者。

❸ 如果需要，在卸載元件之前觸發 stopWatchingAddressCity 函式以停止觀察者。

使用這種做法，我們可以限制非必要的觀察者數量，例如在 user.address 不存在的情況下針對 user.address.city 的觀察者。

接下來，我們將了解 Vue 的另一個有趣功能，即 slot（插槽）元件。

插槽的威力

建置元件所涉及的不僅僅是資料和邏輯。我們經常會想要維持當前元件的意義和現有設計，但仍允許使用者修改部分 UI 樣板。在任何框架中建置可自訂的元件程式庫時，這種靈活性都是很關鍵的。幸運的是，Vue 提供 <slot> 元件，允許我們在需要時動態替換元素的預設 UI 設計。

舉例來說，我們建置 ListLayout 這個佈局元件（layout component）來描繪項目清單（list of items），每個項目（item）的型別如下：

```
interface Item {
  id: number
  name: string
  description: string
  thumbnail?: string
}
```

對於清單中的每個項目，在預設情況下，佈局元件應顯示其名稱和描述，如範例 3-20 所示。

範例 3-20　*ListLayout* 元件的第一個樣板實作

```
<template>
  <ul class="list-layout">
    <li class="list-layout__item" v-for="item in items" :key="item.id">
      <div class="list-layout__item__name">{{ item.name }}</div>
      <div class="list-layout__item__description">{{ item.description }}</div>
    </li>
  </ul>
</template>
```

我們還在 ListLayout 的 script 區段定義了要描繪的項目清單範例（範例 3-21）。

範例 3-21　*ListLayout 元件的指令稿區段*

```
import { defineComponent } from 'vue'

//...

export default defineComponent({
  name: 'ListLayout',
  data(): { items: Item[] } {
    return {
      items: [
        {
          id: 1,
          name: "Item 1",
          description: "This is item 1",
          thumbnail:
"https://res.cloudinary.com/mayashavin/image/upload/v1643005666/Demo/supreme_pizza",
        },
        {
          id: 2,
          name: "Item 2",
          description: "This is item 2",
          thumbnail:
"https://res.cloudinary.com/mayashavin/image/upload/v1643005666/Demo/hawaiian_pizza",
        },
        {
          id: 3,
          name: "Item 3",
          description: "This is item 3",
          thumbnail:
"https://res.cloudinary.com/mayashavin/image/upload/v1643005666/Demo/pina_colada_pizza",
        },
      ]
    }
  }
})
```

圖 3-17 顯示了使用前面樣板（範例 3-20）和資料（範例 3-21）預設描繪出來的單一項目 UI。

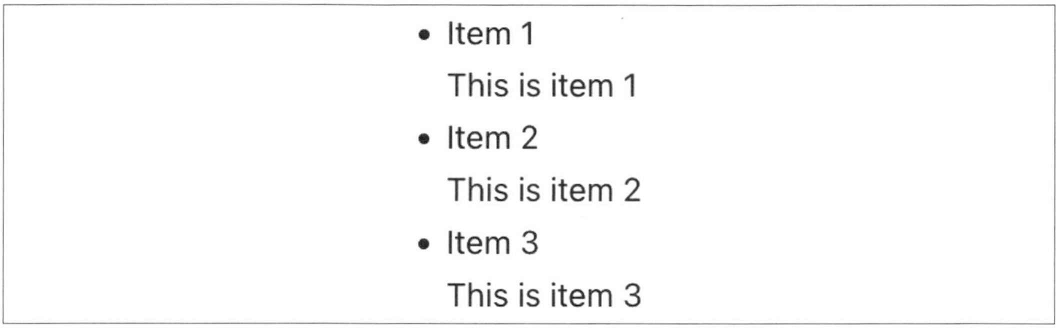

- Item 1

    This is item 1

- Item 2

    This is item 2

- Item 3

    This is item 3

圖 3-17　ListLayout 元件中項目的 UI 佈局範例

在這個預設 UI 的基礎上，我們可以為使用者提供自訂每個項目 UI 的選項。為此，我們將 li 元素內的程式碼區塊以 slot 元素包裹，如範例 3-22 所示。

範例 3-22　帶有 *slot* 的 *ListLayout* 元件

```
<template>
  <ul class="list-layout">
    <li class="list-layout__item" v-for="item in items" :key="item.id">
      <slot :item="item">
        <div class="list-layout__item__name">{{ item.name }}</div>
        <div class="list-layout__item__description">{{ item.description }}</div>
      </slot>
    </li>
  </ul>
</template>
```

注意到我們如何使用 : 語法將每次 v-for 迭代收到的 item 變數繫結到 slot 元件相同 item prop 屬性上。透過這種方式，我們可以確保 slot 的後裔（descendants）都能存取相同的 item 資料。

slot 元件與其宿主元件（host component，如 ListLayout）不共享相同的資料情境（data context）。若要存取宿主元件的資料特性，需要使用 v-bind 語法將其作為特性傳入給 slot。我們將在第 109 頁的「Vue 中的內嵌元件和資料流」中進一步了解如何為內嵌元素提供特性（props）。

不過，要發揮作用，我們需要的不僅僅是為自訂樣板內容提供可用的 item。在 ListLayout 的父元件中，我們新增 v-slot 指示詞到 `<ListLayout>` 標記，以存取傳入給其 slot 元件的 item，語法如下：

```
<ListLayout v-slot="{ item }">
  <!-- 自訂的樣板內容 -->
</ListLayout>
```

在此，我們使用物件解構（destructuring）語法 `{ item }` 來建立一個限定範疇的插槽參考（scoped slot reference）指向我們想要存取的資料特性。然後就可以在我們的自訂樣板內容中直接使用 item，如範例 3-23 所示。

範例 3-23　從 *ListLayout* 製作出 *ProductItemList*

```
<!-- ProductItemList.vue -->
<template>
  <div id="app">
    <ListLayout v-slot="{ item }">
      <img
        v-if="item.thumbnail"
        class="list-layout__item__thumbnail"
        :src="item.thumbnail"
        :alt="item.name"
        width="200"
      />
      <div class="list-layout__item__name">{{ item.name }}</div>
    </ListLayout>
  </div>
</template>
```

在範例 3-23 中，我們將 UI 改為只顯示縮圖（thumbnail image）和項目名稱。結果如圖 3-18 所示。

本範例是我們想在元素的單一插槽中啟用自訂功能時，slot 元件最簡單明瞭的使用案例。但是，如果產品卡（product card）元件包含縮圖、主要說明區域和動作區域，而且每個區域都需要自訂，那麼這種更為複雜的情況又該怎麼辦呢？在這種情況下，我們仍然可以透過其命名（naming）能力發揮 slot 的強大功能。

Item 1

Item 2

Item 3

圖 3-18　ProductItemList 元件的 UI 佈局

透過樣板標記和 v-slot 屬性使用具名插槽

在範例 3-22 中，我們只有將項目名稱與其描述的 UI 當作單一插槽以啟用自訂功能。若要為縮圖、主要說明區域和動作註腳（footer of actions）將自訂功能分割為數個插槽區段，我們可以使用帶有屬性 name 的 slot，如範例 3-24 所示。

範例 *3-24* 帶有具名插槽的 *ListLayout* 元件

```
<template>
  <ul class="list-layout">
    <li class="list-layout__item" v-for="item in items" :key="item.id">
      <slot name="thumbnail" :item="item" />
      <slot name="main" :item="item">
        <div class="list-layout__item__name">{{ item.name }}</div>
        <div class="list-layout__item__description">{{ item.description }}</div>
      </slot>
      <slot name="actions" :item="item" />
    </li>
  </ul>
</template>
```

我們分別為每個插槽指定了 thumbnail、main 和 actions 的名稱。對於 main 插槽，我們加上了一個備用的內容樣板，以顯示項目的名稱和描述。

當我們要將自訂內容傳入到特定插槽時，我們會用 template 標記將內容包裹起來。然後，我們按照以下語法將宣告目標插槽的名稱（例如 slot-name）傳入給 template 的 v-slot 指示詞：

```
<template v-slot:slot-name>
  <!-- Custom content -->
</template>
```

我們也可以使用速記語法 # 代替 v-slot：

```
<template #slot-name>
  <!-- Custom content -->
</template>
```

從現在起，搭配 template 標記使用時，我們將以 # 語法表示 v-slot 插槽。

就跟在元件標記上使用 v-slot 一樣，我們也能提供對於插槽資料的存取：

```
<template #slot-name="mySlotProps">
  <!--<div> Slot data: {{ mySlotProps }}</div>-->
</template>
```

使用多個插槽

對於多個插槽，必須在每個相關的 template 標記上使用 v-slot 指示詞，
而不是在元件標記上。否則，Vue 會擲出錯誤。

我們回到 ProductItemList 元件（範例 3-23），並重構該元件，為產品項目描繪出下列自
訂內容區段：

- 縮圖（thumbnail image）

- 將產品新增到購物車（cart）的動作按鈕

範例 3-25 展示如何使用 template 和 v-slot 進行實作。

範例 3-25　以具名插槽製作 ProductItemList

```
<!-- ProductItemList.vue -->
<template>
  <div id="app">
    <ListLayout>
      <template #thumbnail="{ item }">
        <img
          v-if="item.thumbnail"
          class="list-layout__item__thumbnail"
          :src="item.thumbnail"
          :alt="item.name"
          width="200"
        />
      </template>
      <template #actions>
        <div class="list-layout__item__footer">
          <button class="list-layout__item__footer__button">Add to cart</button>
        </div>
      </template>
    </ListLayout>
  </div>
</template>
```

這段程式碼的輸出結果如圖 3-19 所示。

圖 3-19　帶有自訂插槽內容的 `ProductItemList` 輸出

就只是這樣。你已經準備好使用插槽來自訂你的 UI 元件了。有了插槽，你現在就可以為應用程式建立一些可重複使用的基本標準佈局，例如帶有頁首（header）和頁尾（footer）的頁面佈局、側邊方格（side panel）佈局，或者可能是對話方塊或通知的強制回應元件（modal component）。如此一來，你就會發現插槽在保持程式碼井然有序和可重複使用的方面是多麼好用。

使用 slot 也意味著瀏覽器不會套用元件中定義的所有相關的限定範疇樣式（scoped styles）。要啟用此功能，請參閱第 104 頁的「為插槽內容套用限定範疇樣式」。

接下來，我們將學習如何使用參考（refs）存取掛載的元件實體或 DOM 元素。

了解參考

雖然 Vue 通常會為你處理大部分的 DOM 互動，但在某些情況下，你可能需要直接存取元件中的 DOM 元素以執行進一步的操作。例如，你可能希望在使用者點選按鈕時開啟強制回應的對話方塊（modal dialog），或在掛載元件時把焦點放在特定的輸入欄位上。在這種情況下，你可以使用 ref 屬性來存取目標 DOM 元素實體。

ref 是 Vue 內建的屬性，它允許你接收對 DOM 元素或已掛載子實體的直接參考（direct reference）。在 template 區段，你可以將 ref 屬性的值指定給代表目標元素上參考名稱（reference name）的字串。範例 3-26 展示如何建立參考 DOM 元素 input 的 messageRef。

範例 3-26　帶有指定給 *messageRef* 的 *ref* 屬性的 *input* 元件

```
<template>
  <div>
    <input type="text" ref="messageRef" placeholder="Enter a message" />
  </div>
</template>
```

然後，你就可以在 script 區段存取 messageRef，透過 this.$refs.messageRef 實體來操作那個 input 元素。messageRef 參考實體將擁有那個 input 元素的所有特性和方法。例如，你可以使用 this.$refs.messageRef.focus() 以程式化的方式聚焦在 input 元素上。

存取 ref 屬性
ref 屬性只在掛載元件之後才能存取。

參考實體包含特定 DOM 元素或子元件實體的所有特性和方法，取決於目標元素的型別。在透過 v-for 對迴圈元素（looped element）使用 ref 屬性的情況下，參考實體將是陣列，其中包含不按順序排列的迴圈元素。

以任務的清單為例。如範例 3-27 所示，可以使用 ref 屬性存取任務清單。

範例 3-27　帶有指定給 *tasksRef* 的 *ref* 屬性的任務清單

```ts
<template>
  <div>
    <ul>
      <li v-for="(task, index) in tasks" :key="task.id" ref="tasksRef">
        {{title}} {{index}}: {{task.description}}
      </li>
    </ul>
  </div>
</template>
<script lang="ts">
import { defineComponent } from "vue";

export default defineComponent({
  name: "TaskListComponent",
  data() {
    return {
      tasks: [{
        id: 'task01',
        description: 'Buy groceries',
      }, {
        id: 'task02',
        description: 'Do laundry',
      }, {
        id: 'task03',
        description: 'Watch Moonknight',
      }],
      title: 'Task',
    };
  }
});
</script>
```

Vue 掛載 TaskListComponent 後，就可以看到 tasksRef 包含三個 li DOM 元素，並內嵌在元件實體的 refs 特性中，如圖 3-20 中的 Vue Devtools 截圖所示。

現在，你可以使用 this.$refs.tasksRef 存取任務串列的元素，並在需要時執行進一步的修改。

 ref 也可以接受一個函式作為其值，方法是為 ref 加上前綴：（:ref）。此函式接受參考實體作為其輸入參數。

我們已經學到了 ref 特性，以及它如何在許多實際挑戰中發揮作用，例如建置可重複使用的強制回應系統（modal system，請參閱第 130 頁的「使用 Teleport 和 <dialog> 元素實作強制回應的對話方塊」）。下一節將探討如何使用 mixins 在元件間建立並共享標準組態。

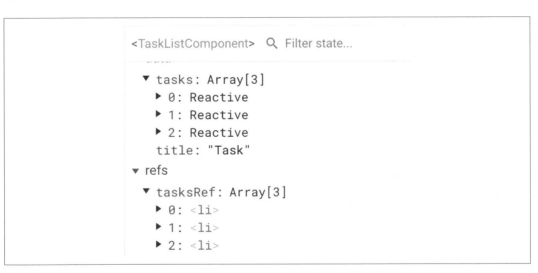

圖 3-20　Vue Devtools 顯示 tasksRef 參考實體

使用 Mixins 共享元件組態

在現實中，某些元件共享類似資料和行為的情況並不少見，例如咖啡店（cafe）和餐廳（restaurant）元件。這兩個元素都共享預訂和接受付款的邏輯，但各自有獨特的功能。在這種情況下，你可以使用 mixins 特性在這兩個元件之間共享標準功能。

舉例來說，你可以建立 restaurantMixin 物件，其中包含 DiningComponent 和 CafeComponent 這兩個元件的標準功能，如範例 3-28 所示。

範例 3-28　restaurantMixin 混合（mixin）物件

```ts
/** mixins/restaurantMixin.ts */
import { defineComponent } from 'vue'

export const restaurantMixin = defineComponent({
  data() {
    return {
      menu: [],
      reservations: [],
      payments: [],
      title: 'Restaurant',
    };
  },
  methods: {
    makeReservation() {
      console.log("Reservation made");
    },
    acceptPayment() {
      console.log("Payment accepted");
    },
  },
  created() {
    console.log(`Welcome to ${this.title}`);
  }
});
```

然後就可以在 DiningComponent 的 mixins 特性中使用 restaurantMixin 物件了，如範例 3-29 所示。

範例 3-29　使用 DiningComponent 的 restaurantMixin 混合特性

```ts
<template>
<!-- components/DiningComponent.vue -->
  <h1>{{title}}</h1>
  <button @click="getDressCode">getDressCode</button>
  <button @click="makeReservation">Make a reservation</button>
  <button @click="acceptPayment">Accept a payment</button>
</template>
<script lang='ts'>
import { defineComponent } from 'vue'
import { restaurantMixin } from '@/mixins/restaurantMixin'
```

```
export default defineComponent({
  name: 'DiningComponent',
  mixins: [restaurantMixin],
  data() {
    return {
      title: 'Dining',
      menu: [
        { id: 'menu01', name: 'Steak' },
        { id: 'menu02', name: 'Salad' },
        { id: 'menu03', name: 'Pizza' },
      ],
    };
  },
  methods: {
    getDressCode() {
      console.log("Dress code: Casual");
    },
  },
  created() {
    console.log('DiningComponent component created!');
  }
});
</script>
```

範例 3-30 展示類似的 CafeComponent。

範例 3-30　使用 *CafeComponent* 的 *restaurantMixin* 混合特性

```
<template>
<!-- components/CafeComponent.vue -->
  <h1>{{title}}</h1>
  <p>Open time: 8am - 4pm</p>
  <ul>
    <li v-for="menuItem in menu" :key="menuItem.id">
      {{menuItem.name}}
    </li>
  </ul>
  <button @click="acceptPayment">Pay</button>
</template>
<script lang='ts'>
import { defineComponent } from 'vue'
import { restaurantMixin } from '@/mixins/restaurantMixin'

export default defineComponent({
  name: 'CafeComponent',
  mixins: [restaurantMixin],
  data() {
```

```
      return {
        title: 'Cafe',
        menu: [{
          id: 'menu01',
          name: 'Coffee',
          price: 5,
        }, {
          id: 'menu02',
          name: 'Tea',
          price: 3,
        }, {
          id: 'menu03',
          name: 'Cake',
          price: 7,
        }],
      };
    },
    created() {
      console.log('CafeComponent component created!');
    }
  });
</script>
```

創建元件時，Vue 引擎會將 mixin 邏輯合併到元件中，元件的資料宣告優先。在範例 3-29 和 3-30 中，DiningComponent 和 CafeComponent 會有相同的特性 menu、reservations、payments 與 title，但值不同。此外，兩個元件都可以使用 restaurantMixin 中宣告的方法和掛接器（hooks）。這與繼承模式類似，但元件不會覆寫 mixin 掛接器的行為。取而代之，Vue 引擎會先呼叫 mixin 的掛接器，然後再呼叫元件的掛接器。

當 Vue 掛載 DiningComponent 時，你將在瀏覽器主控台中看到圖 3-21 中的輸出。

```
Welcome to Dining                          restaurantMixin.ts:21
DiningComponent component created!         DiningComponent.vue:31
```

圖 3-21　DiningComponent 主控台記錄的輸出順序

同樣地，當 Vue 掛載 CafeComponent 時，你將在瀏覽器主控台中看到圖 3-22 中的輸出。

```
Welcome to Cafe                            restaurantMixin.ts:21
CafeComponent component created!           CafeComponent.vue:42
```

圖 3-22　CafeComponent 主控台記錄的輸出順序

請注意，兩個元件之間的 title 值發生了變化，而 Vue 會首先觸發 restaurantMixin 的 created 掛接器，然後再觸發元素本身宣告的掛接器。

 合併和觸發多個 mixins 的掛接器的順序取決於 mixins 陣列的順序。Vue 總是最後呼叫元件的掛接器。將多個 mixins 放在一起時，請考慮這種順序。

若開啟 Vue Devtools，你會發現 restaurantMixin 是看不到的，而 DiningComponent 和 CafeComponent 則有自己的資料特性，如圖 3-23 和 3-24 所示。

```
<DiningComponent>   Q  Filter state...
▼ data
  ▼ menu: Array[3]
    ▶ 0: Reactive
    ▶ 1: Reactive
    ▶ 2: Reactive
  ▼ payments: Array[0]
  ▼ reservations: Array[0]
    title: "Dining"
```

圖 3-23　Vue Devtools 顯示 DiningComponent

```
<CafeComponent>   Q  Filte  ⊙  <>  ≡  ⧉
▼ data
  ▼ menu: Array[3]
    ▶ 0: Reactive
    ▶ 1: Reactive
    ▶ 2: Reactive
  ▼ payments: Array[0]
  ▼ reservations: Array[0]
    title: "Cafe"
```

圖 3-24　Vue Devtools 顯示 CafeComponent

對於在元件之間分享共通邏輯並保持程式碼條理清晰來說，mixins 是非常好的工具。不過，過多的 mixins 會讓其他開發人員在理解和除錯時感到困惑，而在大多數情況下，這都被認為是一種不好的實務做法。我們建議在選擇 mixins 而非其他替代方案（如第 5 章的 Composition API）之前，先驗證你的用例。

至此，我們已經探討了如何使用 template 和 script 區段的進階功能來撰寫元件的邏輯。接下來，讓我們學習如何利用 Vue style 區段的內建樣式功能來美化元件。

限定樣式範疇的元件

與普通的 HTML 頁面結構一樣，我們使用 <style> 標記為 SFC 元件定義 CSS 樣式：

```
<style>
h1 {
  color: red;
}
</style>
```

<style> 區段在順序上通常出現在 Vue SFC 元件的最後，而且可以多次出現。將元件掛載到 DOM 時，Vue 引擎會將 <style> 標記中定義的 CSS 樣式套用到應用程式中的所有元素或匹配的 DOM 選擇器（selectors）。換句話說，在元件的 <style> 中出現的所有 CSS 規則在掛載後都會全域性套用。以範例 3-31 中的 HeadingComponent 為例，該元件描繪帶有一些樣式的標題。

範例 3-31　在 HeadingComponent 中使用 <style> 標記

```
<template>
  <h1 class="heading">{{title}}</h1>
  <p class="description">{{description}}</p>
</template>
<script lang='ts'>
export default {
  name: 'HeadingComponent',
  data() {
    return {
      title: 'Welcome to Vue Restaurant',
      description: 'A Vue.js project to learn Vue.js',
    };
  },
};
</script>
<style>
.heading {
```

```
    color: #178c0e;
    font-size: 2em;
  }

  .description {
    color: #b76210;
    font-size: 1em;
  }
</style>
```

在範例 3-31 中，我們建立了兩個 CSS 類別選擇器（class selectors）：heading 和 description，分別用於元件的 h1 和 p 元素。當 Vue 掛載該元件時，瀏覽器將為這些元素繪製相應的樣式，如圖 3-25 所示。

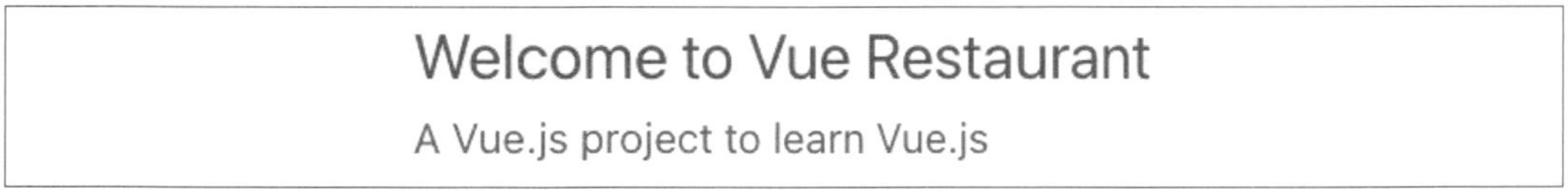

Welcome to Vue Restaurant
A Vue.js project to learn Vue.js

圖 3-25　套用了樣式的 HeadingComponent

範例 3-32 展示在 HeadingComponent 外部的父元件 App.vue 中新增具有相同 heading 類別選擇器的 span 元素。

範例 3-32　在父元件 *App.vue* 中新增相同的類別選擇器

```
<!-- App.vue -->
<template>
  <section class="wrapper">
    <HeadingComponent />
    <span class="heading">This is a span element in App.vue component</span>
  </section>
</template>
```

然後，瀏覽器仍會對 span 元素套用相同的樣式，如圖 3-26 所示。

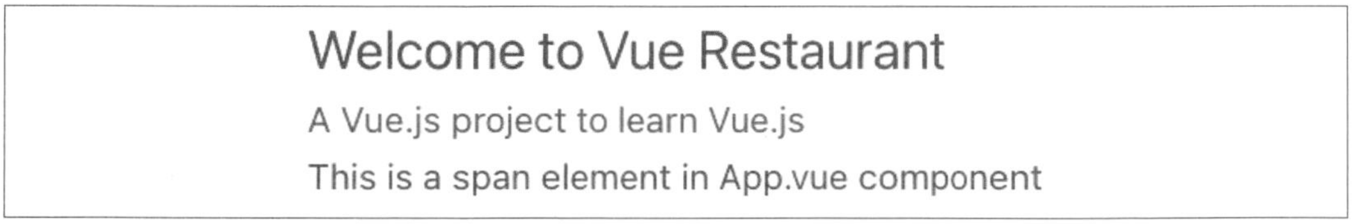

Welcome to Vue Restaurant
A Vue.js project to learn Vue.js
This is a span element in App.vue component

圖 3-26　App.vue 中的 span 元素與 HeadingComponent 中的 h1 元素具有相同的 CSS 樣式

但是，如果我們不使用 HeadingComponent，或者它在執行時期尚不存在於應用程式中，那麼 span 元素將不具備 heading 類別選擇器的 CSS 規則。

為了避免這種情況，並更好地控制樣式規則和選擇器，Vue 提供一種獨特的功能 scoped 屬性。透過 `<style scoped>` 標記，Vue 可確保 CSS 規則會套用到元件內的相關元素，而不會洩漏到應用程式的其他部分。Vue 透過以下步驟實作這種機制：

1. 使用前綴語法 `data-v` 在目標元素標記上新增隨機產生的資料屬性。

2. 變換 `<style scoped>` 標記中定義的 CSS 選擇器，使其包含所產生的資料屬性。

一起來看看這實際上是如何運作的。在範例 3-33 中，我們在 HeadingComponent 的 `<style>` 標記中新增了 scoped 屬性。

範例 3-33　在 *HeadingComponent* 的 *<style>* 標記中新增限定範疇（*scoped*）屬性

```
<!-- HeadingComponent.vue -->
<!--...-->
<style scoped>
.heading {
  color: #178c0e;
  font-size: 2em;
}

.description {
  color: #b76210;
  font-size: 1em;
}
</style>
```

如圖 3-27 所示，App.vue（範例 3-32）中定義的 span 元素與 HeadingComponent 中的 h1 元素的 CSS 樣式不同。

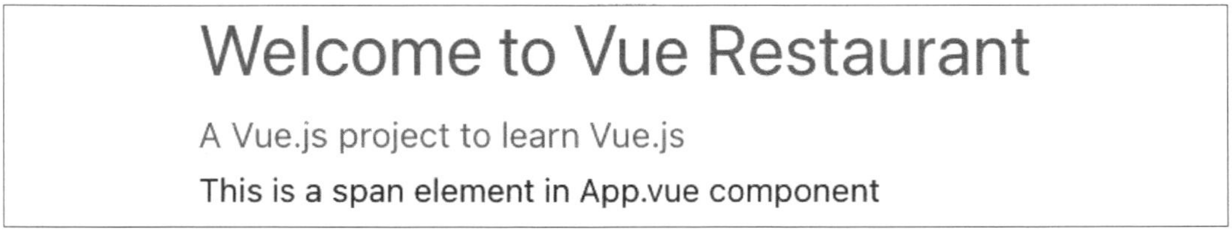

Welcome to Vue Restaurant

A Vue.js project to learn Vue.js

This is a span element in App.vue component

圖 3-27　App.vue 中的 span 元素現在有預設的黑色

開啟瀏覽器 Developer Tools 中的 Elements 分頁後，可以看到 h1 和 p 元素現在具有 data-v-xxxx 屬性，如圖 3-28 所示。

```
▼ <section class="wrapper">
    <h1 data-v-6c9f22e5 class="heading">Welcome to Vue Restaurant</h1>
    <p data-v-6c9f22e5 class="description">A Vue.js project to learn Vue.js</p>
    <span class="heading">This is a span element in App.vue component</span>
  </section>
```

圖 3-28　HeadingComponent 中的 h1 和 p 元素具有 data-v-xxxx 屬性

如圖 3-29 所示，選擇 h1 元素並檢視右側面板上的樣式，可以看到 CSS 選擇器 .heading 變成了 .heading[data-v-xxxx]。

```
.heading[data-v-9609386a]
{
    color:  ■#178c0e;
    font-size: 2rem;
}
```

圖 3-29　CSS 選擇器的 .heading 被變換為 .heading[data-v-xxxx]

我強烈建議你開始在元件中使用 scoped 屬性，將其作為一種良好的編碼習慣，以避免在專案發展時出現不必要的 CSS 臭蟲（bugs）。

 瀏覽器在決定套用樣式的順序時，會遵循 CSS 的特殊性（specificity，*https://oreil.ly/x4iOg*）。由於 Vue 的限定範疇（scoped）機制使用的是屬性選擇器 [data-v-xxxx]，因此僅使用 .heading 選擇器還不足以覆寫父元件的樣式。

在限定範疇樣式中為子元件套用 CSS

從 Vue 3.x 開始，你可以透過使用 :deep() 虛擬類別（pseudo-class）從父元件覆寫或擴充子元件的限定範疇樣式。舉例來說，如範例 3-34 所示，我們可以從父代 App 中覆寫 HeadingComponent 中段落元素 p 的限定範疇樣式。

範例 3-34　*從父應用程式覆寫 HeadingComponent 元件中段落元素 p 的限定範疇樣式*

```
<!-- App.vue -->
<template>
  <section class="wrapper">
    <HeadingComponent />
    <span class="heading">This is a span element in App.vue component</span>
  </section>
</template>
<style scoped>
.wrapper :deep(p) {
  color: #000;
}
</style>
```

如圖 3-30 所示，HeadingComponent 中的 p 元素將顯示為黑色，而不是其限定範疇的顏色 #b76210。

Welcome to Vue Restaurant

A Vue.js project to learn Vue.js

This is a span element in App.vue component

圖 3-30　HeadingComponent 中的 p 元素顏色為黑色

> 瀏覽器將對內嵌在 App 及其子元件中的任何 p 元素套用新定義的 CSS 規則。

為插槽內容套用限定範疇樣式

根據設計，<style scoped> 標記中定義的任何樣式都只與元件的預設 template 本身有關。Vue 無法將插槽內容轉換為包含 data-v-xxxx 屬性。要為任何插槽內容建立樣式，

可以使用 :slot([CSS selector]) 虛擬類別，或者在父代層級為其建立專門的 style 區段，以保持程式碼井井有條。

使用 v-bind() 虛擬類別存取樣式標記中的元件資料值

我們經常需要存取元件的資料值，並將該值繫結到有效的 CSS 特性，例如根據使用者的偏好設定更改應用程式的暗色或亮色模式或主題顏色。在這種情況下，我們使用虛擬類別 v-bind()。

v-bind() 以字串形式接受元件的資料特性和 JavaScript 運算式作為其唯一引數。舉例來說，我們可以根據 titleColor 資料特性的值變更 HeadingComponent 中 h1 元素的顏色，如範例 3-35 所示。

範例 3-35　根據 titleColor 的值改變 h1 元素的顏色

```
<!-- HeadingComponent.vue -->
<template>
  <h1 class="heading">{{title}}</h1>
  <p class="description">{{description}}</p>
</template>
<script lang='ts'>
export default {
  //...
  data() {
    return {
      //...
      titleColor: "#178c0e",
    };
  },
};
</script>
<style scoped>
.heading {
  color: v-bind(titleColor);
  font-size: 2em;
}
</style>
```

然後，v-bind() 虛擬類別會將 titleColor 資料特性的值變換為行內的雜湊 CSS 變數（inline hashed CSS variable），如圖 3-31 所示。

```
<h1 data-v-6c9f22e5 class="heading" style="--6c9f22e5-titleColor: #178c0e;">
Welcome to Vue Restaurant</h1>
<p data-v-6c9f22e5 class="description" style="--6c9f22e5-titleColor: #178c0e;
">A Vue.js project to learn Vue.js</p>
<span data-v-7a7a37b1 class="heading">This is a span element in App.vue
component</span>
```

圖 3-31　`titleColor` 資料特性的值現在是行內樣式中的雜湊 CSS 特性

我們開啟瀏覽器 Developer Tools 中的 Elements 分頁，檢視元素的樣式。可以看到為 `.heading` 選擇器生成的顏色特性保持不變，其值與 `titleColor` 經過雜湊的 CSS 特性相同（圖 3-32）。

```
element.style {
    --9609386a-titleColor: ■#178c0e;
}
─────────────────────────────
.heading[data-v-9609386a] {        <style>
    color: ■#178c0e;
    font-size: 2rem;
}
```

圖 3-32　為 `.heading` 選擇器產生的顏色特性與 `titleColor` 所產生的雜湊 CSS 特性具有相同的值

`v-bind()` 可幫忙獲取元件的資料值，然後將所需的 CSS 特性與該動態值繫結。不過，這只是單向繫結。若要取得 `template` 中定義的 CSS 樣式，以便繫結到樣板的元素上，則需要使用 CSS 模組，我們將在下一節介紹。

使用 CSS 模組設計元件樣式

另一種為每個元件限定 CSS 樣式範疇的做法是使用 CSS 模組（Modules）[1]。CSS 模組是一種可以讓你編寫 CSS 樣式，然後在我們的 `template` 和 `script` 區段將其作為 JavaScript 物件（模組）使用的做法。

要開始在 Vue SFC 元件中使用 CSS 模組，需要在 `style` 標記中新增 `module` 屬性，如範例 3-36 中的 `HeadingComponent` 所示。

1　CSS Modules（*https://oreil.ly/YQ6IJ*）最初是 React 的開源專案。

範例 *3-36* 　在 *HeadingComponent* 中使用 *CSS* 模組

```
<!-- HeadingComponent.vue -->
<style module>
.heading {
  color: #178c0e;
  font-size: 2em;
}

.description {
  color: #b76210;
  font-size: 1em;
}
</style>
```

現在，你就能把這些 CSS 選擇器作為元件的 $style 特性物件的欄位（fields）來存取。我們可以刪除 template 區段中分別為 h1 和 p 指定的靜態類別名稱 heading 和 description。取而代之，我們會把這些元素的類別繫結到 $style 物件的相關欄位（範例 3-37）。

範例 *3-37* 　使用 *$style* 物件動態繫結類別

```
<!-- HeadingComponent.vue -->
<template>
  <h1 :class="$style.heading">{{title}}</h1>
  <p :class="$style.description">{{description}}</p>
</template>
```

瀏覽器上的輸出結果與圖 3-27 相同。不過，在瀏覽器的 Developer Tools 中檢視 Elements 分頁上相關的元素時，你會發現 Vue 對生成的類別名稱進行了雜湊運算（hashed），以限定樣式在元件中的範疇，如圖 3-33 所示。

```
<h1 class="_heading_e6bi0_2">Welcome to Vue Restaurant</h1>
<p class="_description_e6bi0_6">A Vue.js project to learn Vue.js
</p>
```

圖 3-33　所產生的類別名稱 heading 和 description 現在都經過雜湊

此外，如範例 3-38 所示，還可以透過為 module 特性指定名稱來重新命名 CSS 樣式物件 $style。

範例 3-38　將 CSS 樣式物件 $style 重新命名為 headerClasses

```
<!-- HeadingComponent.vue -->
<style module="headerClasses">
.heading {
  color: #178c0e;
  font-size: 2em;
}

.description {
  color: #b76210;
  font-size: 1em;
}
</style>
```

在 template 區段，可以將 h1 和 p 元素的類別改為繫結到 headerClasses 物件（範例 3-39）。

範例 3-39　使用 headerClasses 物件動態繫結類別

```
<!-- HeadingComponent.vue -->
<template>
  <h1 :class="headerClasses.heading">{{title}}</h1>
  <p :class="headerClasses.description">{{description}}</p>
</template>
```

 若在元件中使用 <script setup> 或 setup() 函式（第 5 章），則可以使用 useCssModule() 掛接器來存取樣式物件的實體。該函式接受樣式物件的名稱作為其唯一引數。

與在 style 標記中使用 scoped 屬性相比，該元件現在的設計更加獨立。程式碼看起來更有組織，要從外部覆寫該元件的樣式也更具挑戰性，因為 Vue 會隨機雜湊相關的 CSS 選擇器。儘管如此，根據你專案的要求，其中一種做法可能會比另一種做法更好，或者更為關鍵的可能是將 scoped 屬性和 module 屬性結合起來以達到理想的效果。

總結

在本章中，我們學到如何以 SFC 標準建立 Vue 元件，並使用 defineComponent() 為 Vue 應用程式完全啟用 TypeScript 支援。我們還學到如何使用 slot 來建立可重用的元件，並在不同的情境下使用獨立的樣式和共享的 mixin 組態。我們探討了如何使用 Options API 中的生命週期掛接器、computed、methods 和 watch 特性來進一步撰寫元件。接下來，我們將在這些基礎上建立自訂事件，並使用 provide/inject 模式開發元件之間的互動。

第四章

元件之間的互動

在第 3 章中，我們深入探討了如何使用生命週期掛接器、計算特性、觀察者、方法和其他功能來構成元件。我們還學到了插槽（slots）的強大功能，以及如何使用特性（props）從其他元件接收外部資料。

在此基礎上，本章將指導你如何使用自訂事件（custom events）和 provide/inject 模式建立元件之間的互動。本章還會介紹 Teleport API，它允許你在 DOM 樹狀結構中移動元素，同時保持它們在 Vue 元件中出現的順序。

Vue 中的內嵌元件和資料流

Vue 元件可以內嵌其他 Vue 元件。這一功能非常方便，使用者可以在複雜的 UI 專案中將程式碼組織成易於管理和可重複使用的小型片段。我們將內嵌元素（nested elements）稱為子元件（child components），將包含它們的元件稱為父元件（parent component）。

Vue 應用程式中的資料流預設是單向的，這意味著父元件可以向子元件傳送資料，但不能反過來。父元件可以使用 props（在第 19 頁的「探索 Options API」中有簡要討論過）傳入資料給子元件，而子元件可以使用自訂事件 emits 將事件傳送回父元件。圖 4-1 展示了元件之間的資料流。

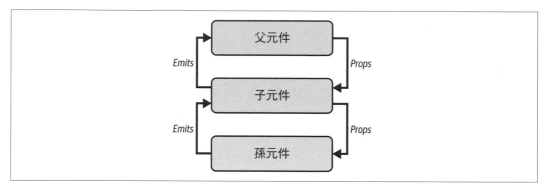

圖 4-1　Vue 元件中的單向資料流

將函式作為 *Props* 傳入

與其他框架不同，Vue 不允許將函式作為一個 prop 傳入給子元件。取而代之，你可以將函式繫結為自訂事件的觸發器（emitter，請參閱第 120 頁的「使用自訂事件在元件間通訊」）。

使用 Props 將資料傳入給子元件

Vue 元件的 props 欄位以物件或陣列的形式，包含該元件可從其父元件接收的所有可用資料特性。props 的每個特性都是目標元件的特性（prop）。要開始從父元件接收資料，需要在元件的選項物件中宣告 props 欄位，如範例 4-1 所示。

範例 *4-1*　在元件中定義 *props*

```
export default {
  name: 'ChildComponent',
  props: {
    name: String
  }
}
```

在範例 4-1 中，ChildComponent 接受 String 型別的一個 name 特性。然後父元件就可以使用這個 name 特性向子元件傳遞資料，如範例 4-2 所示。

範例 *4-2*　將靜態資料作為 *props* 傳入給子元件

```
<template>
  <ChildComponent name="Red Sweater" />
</template>
```

```
<script lang="ts">
import ChildComponent from './ChildComponent.vue'
export default {
  name: 'ParentComponent',
  components: {
    ChildComponent
  },
}
</script>
```

在上一範例中，ChildComponent 接收靜態的「Red Sweater」作為 name 值。如果要將動態資料變數（如 children 串列中的第一個元素）傳入並繫結到 name，可以使用 v-bind 屬性（用：表示），如範例 4-3 所示。

範例 4-3　將動態變數作為 *props* 傳入給子元件

```
<template>
  <ChildComponent :name="children[0]" />
</template>
<script lang="ts">
import ChildComponent from './ChildComponent.vue'
export default {
  //...
  data() {
    return {
      children: ['Red Sweater', 'Blue T-Shirt', 'Green Hat']
    }
  }
}
</script>
```

前面程式碼的輸出就跟傳入靜態字串 Red Sweater 給 name prop 相同。

 如果 name prop 不是 String 型別，你仍然需要使用 v-bind 屬性（或：）將靜態資料傳入給子元件，例如 Boolean 型別的 :name="true"，或 Array 型別的 :name="["hello", "world"]"。

在範例 4-3 中，每當 children[0] 的值發生變化，Vue 也會更新 ChildComponent 中的 name prop，如果需要，子元件會重新描繪（re-render）其內容。

如果子元件中有一個以上的 prop，也可以採用同樣的做法，將每份資料傳入給相關的 prop。例如，要把產品 name 和 price 傳入給 ProductComp 元件，你可以這樣做（範例 4-4）。

範例 4-4　傳入多個 *props* 給子元件

```ts
/** components/ProductList.vue */
<template>
  <ProductComp :name="product.name" :price="product.price" />
</template>
<script lang="ts">
import ProductComp from './ProductComp.vue'
export default {
  name: 'ProductList',
  components: {
    ProductComp
  },
  data() {
    return {
      product: {
        name: 'Red Sweater',
        price: 19.99
      }
    }
  }
}
</script>
```

然後我們就能定義 ProductComp 元件，如範例 4-5 所示。

範例 4-5　在 *ProductComp* 中定義多個 *props*

```ts
<template>
  <div>
    <p>Product: {{ name }}</p>
    <p>Price: {{ price }}</p>
  </div>
</template>
<script lang="ts">
export default {
  name: 'ProductComp',
  props: {
    name: String,
    price: Number
  }
}
</script>
```

輸出會像這樣：

```
Product: Red Sweater
Price: 19.99
```

另外，也可以使用 v-bind（不是 :）來傳入整個物件 user，並將其特性繫結到相關子元件的 props 上：

```
<template>
  <ProductComp v-bind="product" />
</template>
```

請注意，只有子元件才會收到已宣告的相關 props。因此，如果父元件有另一個欄位 product.description，那麼在子元件中將無法取用該欄位。

> 另一種宣告元件 props 的做法是使用字串陣列，其中每個字串代表它接受的 prop 名稱，例如 props: ["name", "price"]。想快速建立元件原型時，這種做法非常實用。不過，我強烈建議你使用 props 的物件形式，並用型別宣告所有的 props，這對程式碼的可讀性和防止錯誤而言都是一種良好的實務做法。

我們已經學會了如何用型別宣告 props，但在需要時，我們如何驗證傳入給子元件的 props 的資料呢？沒有值傳入時，如何為一個 prop 設定備用值（fallback value）呢？接著我們來一探究竟。

宣告帶有驗證和預設值的 Prop 型別

回到範例 4-1，我們將 name prop 宣告為 String 型別。如果父元件在執行時期向 name prop 傳入了非字串值，Vue 就會發出警告。不過，為了享受 Vue 型別驗證的好處，我們應該使用完整的宣告語法：

```
{
  type: String | Number | Boolean | Array | Object | Date | Function | Symbol,
  default?: any,
  required?: boolean,
  validator?: (value: any) => boolean
}
```

其中：

- type 是 prop 的型別。它可以是建構器函式（或自訂類別），也可以是內建型別之一。

- default 是 prop 在沒有傳入值時的預設值。對於 Object、Function 和 Array 型別，預設值必須是回傳初始值的一個函式。

- required 是一個 Boolean 值，表示該 prop 是否必要。如果 required 為 true，父元件就必須向那個 prop 傳入值。預設情況下，所有的 props 都是選擇性的。

- validator 是個函式，用來驗證傳入給 prop 的值，主要用於開發過程的除錯。

我們可以宣告更具體的 name prop，包括預設值，如範例 4-6 所示。

範例 4-6　將 prop 定義為帶有預設值的字串

```
export default {
  name: 'ChildComponent',
  props: {
    name: {
      type: String,
      default: 'Child component'
    }
  }
}
```

如果父元件沒有傳入值，子元件將退回到 name prop 的預設值「*Child component*」。

如範例 4-7 所示，我們也可以將 name 設定為子元件的必要特性，並為其接收的資料新增驗證器（validator）。

範例 4-7　定義 name 為帶有驗證器的必要 prop

```
export default {
  name: 'ChildComponent',
  props: {
    name: {
      type: String,
      required: true,
      validator: value => value !== "Child component"
    }
  }
}
```

在這種情況下，如果父元件沒有向 name prop 傳入值，或者給定的值與 *Child component* 相符，Vue 就會在開發模式下發出警告（圖 4-2）。

```
⚠ ▶ [Vue warn]: Invalid prop: custom    runtime-core.esm-bundler.js:40
   validator check failed for prop "name".
      at <ChildComponent name="Child component" >
      at <ParentComponent>
      at <App>
```

圖 4-2　開發過程中 prop 驗證失敗的主控台警告

 對於 default 欄位，Function 型別是回傳 prop 初始值的函式。你不能用它將資料傳回父元件或在父代層級觸發資料變更。

除了 Vue 提供的內建型別和驗證外，你還可以結合一個 JavaScript Class 或函式建構器和 TypeScript 來建立自訂的 prop 型別。我將在下一節介紹它們。

宣告帶有自訂型別檢查的 Props

使用 Array、String 或 Object 等原始型別（primitive types）適合基本的使用案例。然而，隨著應用程式的增長，原始型別可能會過於通用，無法保證元件的型別安全。以具有以下樣板程式碼的 PizzaComponent 為例：

```
<template>
  <header>Title: {{ pizza.title }}</header>
  <div class="pizza--details-wrapper">
    <img :src="pizza.image" :alt="pizza.title" width="300" />
    <p>Description: {{ pizza.description }}</p>
    <div class="pizza--inventory">
      <div class="pizza--inventory-stock">Quantity: {{pizza.quantity}}</div>
      <div class="pizza--inventory-price">Price: {{pizza.price}}</div>
    </div>
  </div>
</template>
```

這個元件接受一個必要的 pizza prop，它是包含 pizza 詳細資訊的一個 Object：

```
export default {
  name: 'PizzaComponent',
  props: {
    pizza: {
      type: Object,
      required: true
    }
  }
}
```

非常簡單。但是，透過將 pizza 宣告為 Object 型別，我們假設了父元件總是會傳入合適的物件，帶有描繪一個 pizza 所需的適當欄位（title、image、description、quantity 與 price）。

這個假設可能會導致問題。由於 pizza 接受 Object 型別的資料，任何使用 PizzaComponent 的元件都可以向 pizza prop 傳入任何物件資料，而不用 pizza 所需的實際欄位，如範例 4-8 所示。

範例 4-8　使用含有錯誤資料的披薩元件

```
<template>
  <div>
    <h2>Bad usage of Pizza component</h2>
    <pizza-component :pizza="{ name: 'Pinia', description: 'Hawaiian pizza' }" />
  </div>
</template>
```

如圖 4-3 所示，前面的程式碼會導致 PizzaComponent 的 UI 描繪錯誤，只有 description 可用，其餘欄位為空（還有破損的圖像）。

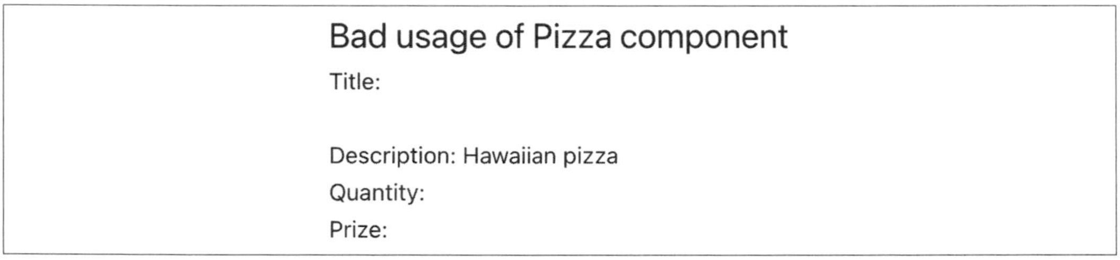

Bad usage of Pizza component
Title:

Description: Hawaiian pizza
Quantity:
Prize:

圖 4-3　壞掉的 UI，沒有圖片連結，缺少披薩所需的欄位

TypeScript 在此也無法偵測到資料型別的不匹配，因為它會根據宣告的 pizza 型別執行型別檢查，也就是泛用的 Object。另一個潛在問題是，以錯誤的內嵌特性格式傳遞 pizza 可能導致應用程式崩潰。因此，為了避免這類意外，我們使用自訂的型別宣告。

如範例 4-9 所示，我們可以定義 Pizza 類別，並宣告 pizza 這個 prop 為 Pizza 型別。

範例 4-9　宣告 Pizza 自訂型別

```
class Pizza {
  title: string;
  description: string;
  image: string;
  quantity: number;
```

```
    price: number;

    constructor(
      title: string,
      description: string,
      image: string,
      quantity: number,
      price: number
    ) {
      this.title = title
      this.description = description
      this.image = image
      this.quantity = quantity
      this.price = price
    }
  }

  export default {
    name: 'PizzaComponent',
    props: {
      pizza: {
        type: Pizza, ❶
        required: true
      }
    }
  }
```

❶ 直接宣告 pizza props 的型別為 Pizza

另外，你也可以使用 TypeScript 的 interface 或 type 來定義自訂型別，而非使用 Class。不過，在這種情況下，你必須使用 vue 套件中的 PropType 型別，並使用以下語法將宣告的型別映射到目標 prop：

```
type: Object as PropType<Your-Custom-Type>
```

我們把 Pizza 類別改寫成 interface（範例 4-10）。

範例 4-10 使用 TypeScript 介面 API 宣告 Pizza 自訂型別

```
import type { PropType } from 'vue'

interface Pizza {
  title: string;
  description: string;
  image: string;
  quantity: number;
  price: number;
```

```
  }
  export default {
    name: 'PizzaComponent',
    props: {
      pizza: {
        type: Object as PropType<Pizza>, ❶
        required: true
      }
    }
  }
```

❶ 使用 PropType 幫忙將 pizza props 的型別宣告為 Pizza 介面。

使用 PizzaComponent 時若用了錯誤的資料格式，TypeScript 會偵測到並適當地突顯錯誤。

 Vue 會在執行時期（run-time）進行型別驗證，而 TypeScript 則在編譯時期（compile-time）進行型別檢查。因此，最好同時使用 Vue 的型別檢查和 TypeScript 的型別檢查，以確保程式碼沒有錯誤。

使用 defineProps() 和 withDefaults() 宣告 Props

正如我們在第 66 頁的「setup」中所學到的，從 Vue 3.x 開始，Vue 提供 <script setup> 語法來宣告函式型元件（functional component），而無須使用傳統的 Options API。在這種 <script setup> 區塊中，你可以使用 defineProps() 宣告 props，如範例 4-11 所示。

範例 4-11　使用 defineProps() 和 <script setup> 宣告 props

```
<script setup>
import { defineProps } from 'vue'

const props = defineProps({
  name: {
    type: String,
    default: "Hello from the child component."
  }
})
</script>
```

多虧了 TypeScript，我們還可以為每個元件宣告 defineProps() 所接受的型別，並在編譯時期進行型別驗證，如範例 4-12 所示。

範例 4-12　使用 defineProps() 和 TypeScript 的 type 進行 props 宣告

```
<script setup >
import { defineProps } from 'vue'

type ChildProps = {
  name?: string
}

const props = defineProps<ChildProps>()
</script>
```

在這種情況下，要宣告 message prop 的預設值，我們需要在 defineProps() 呼叫中使用 withDefaults()，如範例 4-13 所示。

範例 4-13　使用 defineProps() 和 withDefaults() 宣告 props

```
import { defineProps, withDefaults } from 'vue'

type ChildProps = {
  name?: string
}

const props = withDefaults(defineProps<ChildProps>(), {
  name: 'Hello from the child component.'
})
```

結合使用 *defineProps()* 與 *TypeScript* 型別檢查

使用 defineProps() 時，我們可以結合執行時期和編譯時期型別檢查。我建議在範例 4-11 中使用 defineProps()，以獲得更好的可讀性，並結合 Vue 和 TypeScript 的型別檢查。

我們已經學到如何在 Vue 元件中宣告用於傳入資料的 props，並進行型別檢查和驗證。接下來，我們將探討如何將函式作為自訂事件發射器（custom event emitters）傳入給子元件。

使用自訂事件在元件間通訊

Vue 將透過 props 傳入給子元件的資料視為唯讀資料和未經處理的資料（raw data）。單向資料流確保父元件是唯一可以更新資料 prop 的元件。我們經常要更新特定的資料 prop，並與父元件同步。為此，我們使用元件選項中的 `emits` 欄位來宣告自訂事件（custom events）。

以待辦事項清單（to-do list）或 ToDoList 元件為例。這個 ToDoList 將使用 ToDoItem 作為其子元件，用範例 4-14 中的程式碼來描繪任務清單（list of tasks）。

範例 *4-14 ToDoList 元件*

```ts
<template>
  <ul style="list-style: none;">
    <li v-for="task in tasks" :key="task.id">
      <ToDoItem :task="task" />
    </li>
  </ul>
</template>
<script lang="ts">
import { defineComponent } from 'vue'
import ToDoItem from './ToDoItem.vue'
import type { Task } from './ToDoItem'

export default defineComponent({
  name: 'ToDoList',
  components: {
    ToDoItem
  },
  data() {
    return {
      tasks: [
        { id: 1, title: 'Learn Vue', completed: false },
        { id: 2, title: 'Learn TypeScript', completed: false },
        { id: 3, title: 'Learn Vite', completed: false },
      ] as Task[]
    }
  }
})
</script>
```

ToDoItem 是個元件，它接收 task prop，並描繪一個 input 作為核取方塊（checkbox），供使用者將任務標記為已完成或未完成。這個 input 元素接收 task.completed 作為 checked 屬性的初始值。我們來看看範例 4-15。

範例 4-15　*ToDoItem* 元件

```
<template>
  <div>
    <input
      type="checkbox"
      :checked="task.completed"
    />
    <span>{{ task.title }}</span>
  </div>
</template>
<script lang="ts">
import { defineComponent, type PropType } from 'vue'

export interface Task {
  id: number;
  title: string;
  completed: boolean;
}

export default defineComponent({
  name: 'ToDoItem',
  props: {
    task: {
      type: Object as PropType<Task>,
      required: true,
    }
  },
})
</script>
```

當使用者切換（toggles）這個輸入 input 核取方塊時，我們想要發出名為 task-completed-toggle 的事件，將特定任務的 task.completed 值傳達給父元件。為此，我們可以先在元件選項的 emits 欄位中宣告該事件（範例 4-16）。

範例 4-16　帶有 *emits* 的 *ToDoItem* 元件

```
/** ToDoItem.vue */
export default defineComponent({
  //...
  emits: ['task-completed-toggle']
})
```

然後，我們建立新方法 onTaskCompleted，用源自核取方塊的 task.completed 新值和作為事件承載（event's payload）的 task.id 來發射 task-completed-toggle 事件（範例 4-17）。

範例 4-17　*ToDoItem* 元件帶有一個方法來發射 *task-completed-toggle* 事件

```
/** ToDoItem.vue */
export default defineComponent({
  //...
  methods: {
    onTaskCompleted(event: Event) {
      this.$emit("task-completed-toggle", {
        ...this.task,
        completed: (event.target as HTMLInputElement)?.checked,
      });
    },
  }
})
```

 我們使用 defineComponent 來包裹元件的選項，並建立對 TypeScript 友好
的元件。對於簡單的元件來說，使用 defineComponent 並非必要，但在元
件的方法、掛接器或計算特性內，你需要使用它來存取 this 的其他資料
特性；否則，TypeScript 會擲出錯誤。

然後，我們將 onTaskCompleted 方法繫結到 input 元素的 change 事件，如範例 4-18
所示。

範例 4-18　*ToDoItem* 元件更新過的樣板

```
<div>
  <input
    type="checkbox"
    :checked="task.completed"
    @change="onTaskCompleted"
  />
  <span>{{ task.title }}</span>
</div>
```

現在，在 ToDoItem 的父元件 <ToDoList> 中，我們可以使用 @ 符號將 task-completed-
toggle 事件繫結到一個方法，樣板如範例 4-19 所示。

範例 4-19　*ToDoList* 元件更新過的樣板

```
<template>
  <ul style="list-style: none;">
    <li v-for="task in tasks" :key="task.id">
      <ToDoItem
        :task="task"
```

```
            @task-completed-toggle="onTaskCompleted"
        />
      </li>
    </ul>
  </template>
```

父元件 <ToDoList> 中的 onTaskCompleted 方法將接收 task-completed-toggle 事件的承載（payload），並更新 tasks 陣列中特定任務的 task.completed 值，如範例 4-20 所示。

範例 *4-20*　*ToDoList* 元件的指令稿中處理 *task-completed-toggle* 事件的方法

```
//...

export default {
  //...
  methods: {
    onTaskCompleted(payload: { id: number; completed: boolean }) {
      const index = this.tasks.findIndex(t => t.id === payload.id)

      if (index < 0) return

      this.tasks[index].completed = payload.completed
    }
  }
}
```

這些程式碼區塊將描繪出圖 4-4 所示的頁面。

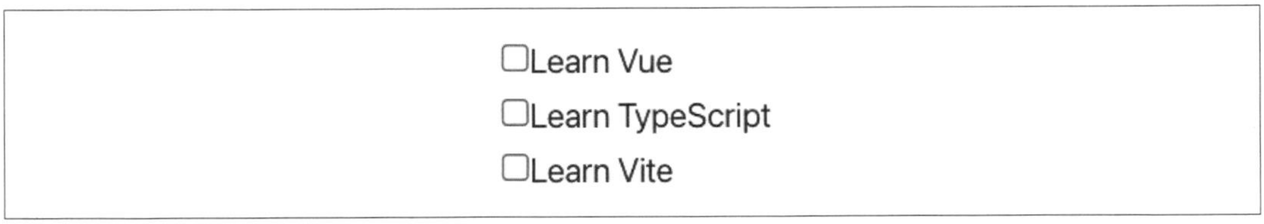

☐Learn Vue
☐Learn TypeScript
☐Learn Vite

圖 4-4　有三個項目的 ToDoList 元件

Vue 會更新 ToDoList 中相關的資料，並據此描繪出相關的 ToDoItem 元件實體。你可以切換核取方塊，將待辦事項（to-do item）標示為已完成（completed）。圖 4-5 顯示我們可以使用 Vue Devtools 偵測元件的事件。

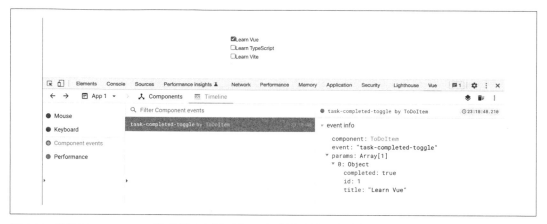

圖 4-5　使用 Vue Devtools 將待辦事項標示為已完成並除錯發出的事件

使用 defineEmits() 定義自訂事件

與第 118 頁的「使用 defineProps() 和 withDefaults() 宣告 Props」類似，在 `<script setup>`
程式碼區塊中，可以使用 defineEmits() 定義自訂事件。defineEmits() 函式接受的輸入
參數型別與 emits 接受的相同：

```
const emits = defineEmits(['component-event'])
```

然後，它會回傳一個函式實體，我們可以用它來調用元件中的特定事件：

```
emits('component-event', [...arguments])
```

因此，我們可以像範例 4-21 中那樣編寫 ToDoItem 的 script 區段。

範例 4-21　使用 *defineEmits()* 建立自訂事件的 *ToDoItem* 元件

```
<script lang="ts" setup>
//...
const props = defineProps({
  task: {
    type: Object as PropType<Task>,
    required: true,
  }
});

const emits = defineEmits(['task-completed-toggle'])

const onTaskCompleted = (event: Event) => {
```

```
    emits("task-completed-toggle", {
      id: props.task.id,
      completed: (event.target as HTMLInputElement)?.checked,
    });
  }
  </script>
```

請注意，這裡我們不需要使用 defineComponent，因為在 <script setup> 程式碼區塊中沒有 this 實體可用。

為了進行更好的型別檢查，可以對 task-completed-toggle 事件使用僅限型別的宣告（type-only declaration），而不是使用單一字串。我們改良範例 4-21 中的 emits 宣告，使用 EmitEvents 型別，如範例 4-22 所示。

範例 4-22　使用 defineEmits() 和僅限型別宣告的自訂事件

```
// 宣告發射型別（emit type）
type EmitEvents = {
  (e: 'task-completed-toggle', task: Task): void;
}

const emits = defineEmits<EmitEvents>()
```

這種做法有助於確保有將正確的方法繫結到宣告的事件上。如 task-complete-toggle 事件所示，任何事件宣告都應遵循相同的模式：

```
(e: 'component-event', [...arguments]): void
```

在前面的語法中，e 是事件名稱，arguments 是傳入給事件發射器的所有輸入。在 task-completed-toggle 事件中，它發射器的引數是 Task 型別的 task。

emits 是一個強大的功能，它可以在父元件和子元件之間實現雙向通訊，而不會破壞 Vue 的資料流機制。不過，props 和 emits 只在需要直接資料通訊時才是有益的。

要將資料從一個元件傳入到其孫元件（grandchild）或後裔元件（descendant），就必須使用不同的做法。在下一節中，我們會看到如何使用 provide 和 inject API 將資料從父元件傳入到子元件或孫元件。

使用 provide/inject 模式在元件間通訊

要在祖系元件（ancestor）與其後裔元件之間建立資料通訊，provide/inject API 會是合理的選擇。provide 欄位傳遞來自祖系元件的資料，而 inject 則確保 Vue 有將所提供的資料（provided data）注入（injects）目標後裔元件。

使用 provide 來傳遞資料

元件的選項欄位 provide 接受兩種格式：一個資料物件或函式。

provide 可以是包含要注入的資料的物件，每個特性代表一個 (key, value) 資料型別。在下面的範例中，ProductList 向其所有後裔提供值為 [1] 的資料 selectedIds（範例 4-23）。

範例 4-23　在 *ProductList* 元件中使用 *provide* 傳入 *selectedIds*

```
export default {
  name: 'ProductList',
  //...
  provide: {
    selectedIds: [1]
  },
}
```

provide 的另一種格式型別是函式，它回傳一個物件，其中包含可注入給後裔的資料。這種格式型別的好處是，我們可以存取 this 實體，並將動態資料或元件方法映射到回傳物件的相關欄位。我們能把範例 4-23 的 provide 欄位改寫為函式，如範例 4-24 所示。

範例 4-24　在 *ProductList* 元件中使用作為函式的 *provide* 傳遞 *selectedIds*

```
export default {
//...
  provide() {
    return {
      selectedIds: [1]
    }
  },
//...
}
</script>
```

與 props 不同，你可以傳入函式，並讓目標後裔使用 provide 欄位觸發該函式。這樣做可以將資料傳送回父元件。然而，Vue 認為這種做法是一種反模式（anti-pattern），你應謹慎使用。

此時，我們的 ProductList 會使用 provide 將一些資料值傳入給它的後裔。接下來，我們必須注入所提供的值，以便在後裔中進行操作。

使用 inject 來接收資料

就跟 props 一樣，inject 欄位可以接受一個字串陣列，每個字串代表所提供的資料鍵值（inject: [*selectedId*]）或一個物件。

將 inject 作為一個物件欄位（object field）使用時，其每個特性都是物件，其中鍵值（key）表示元件內使用的本地資料鍵值，並帶有以下特性：

```
{
  from?: string;
  default: any
}
```

在此，如果特性鍵值與祖系所提供的鍵值相同，則 from 就是選擇性的。以範例 4-23 為例，其中的 selectedIds 是 ProductList 提供給其後裔的資料。我們可以計算出 ProductComp，從 ProductList 接收所提供的資料 selectedIds，並將其重新命名為 currentSelectedIds，以便在本地使用，如範例 4-25 所示。

範例 4-25　在 *ProductComp* 中注入所提供的資料

```
<script lang='ts'>
export default {
  //...
  inject: {
    currentSelectedIds: {
      from: 'selectedIds',
      default: []
    },
  },
}
</script>
```

在這段程式碼中，Vue 將獲取所注入的 selectedIds 值並將其指定給本地資料欄位 currentSelectedIds，如果沒有注入的值，則使用其預設值 []。

在瀏覽器的 Developer Tools 中 Vue 分頁的 Components 區段，從元件樹（左側面板）中選擇 ProductComp，你就能看到注入資料的重新命名提示（右側面板），如圖 4-6 所示。

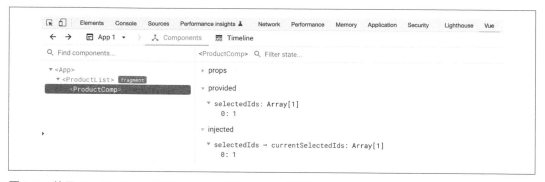

圖 4-6　使用 Vue Devtools 除錯 provided 和 injected 資料

　Composition API 中與 provide/inject 對應的掛接器分別是 provide() 和 inject()。

現在我們了解如何使用 provide 和 inject 在元件之間有效率地傳遞資料，而無須透過 props。我們來探索一下如何使用 <Teleport> 元件將元素的某一個內容區段描繪到 DOM 中的另一個位置。

Teleport API

由於樣式限制，我們需要實作的元件經常會包含 Vue 應在實際 DOM 的不同位置描繪的元素，以獲得完整的視覺效果。在這種情況下，我們通常需要開發複雜的解決方案，將這些元素「傳送（teleport）」到必要的位置，從而導致糟糕的效能和耗時等問題。為了解決這種「傳送」難題，Vue 提供了 <Teleport> 元件。

<Teleport> 元件接受一個 to prop，它表示目標容器，無論是元素的查詢選擇器（query selector）還是所需的 HTML 元素。假設我們有一個 House 元件，其中有一個區段是 *Sky and clouds*，需要 Vue 引擎將其傳送（teleport）到指定的 #sky DOM 元素，如範例 4-26 所示。

範例 *4-26* 帶有 *Teleport* 的 *House* 元件

```
<template>
  <div>
    This is a house
  </div>
  <Teleport to="#sky">
    <div>Sky and clouds</div>
  </Teleport>
</template>
```

在 App.vue 中，我們在 House 元件上方添加了帶有 sky 這個目標 id 的 section 元素，如範例 4-27 所示。

範例 *4-27* 帶有 *House* 元件的 *App.vue* 樣板

```
<template>
  <section id="sky" />
  <section class="wrapper">
      <House />
  </section>
</template>
```

圖 4-7 顯示了這段程式碼的輸出。

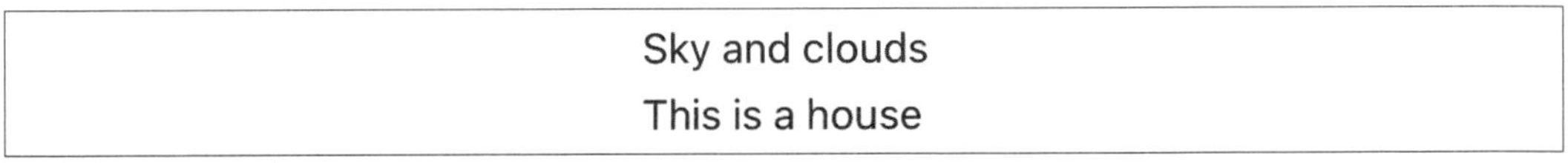

```
Sky and clouds
This is a house
```

圖 4-7 使用 Teleport 元件時的實際顯示順序

使用瀏覽器 Developer Tools 的 Elements 分頁檢查 DOM 樹狀結構時，「Sky and clouds」則會顯示為內嵌在 <section id="sky"> 中（圖 4-8）。

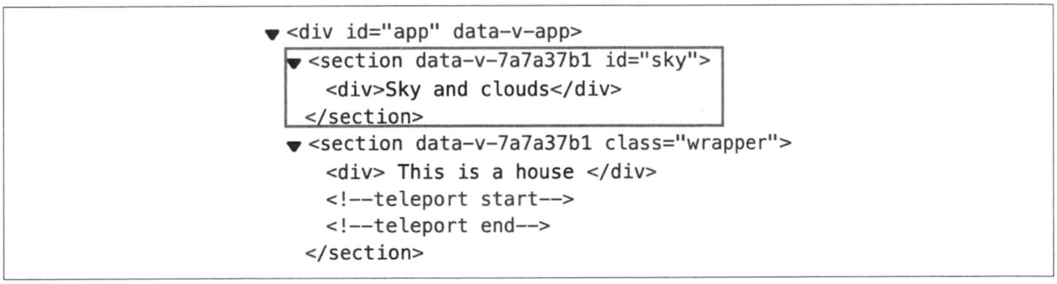

```
▼ <div id="app" data-v-app>
  ▼ <section data-v-7a7a37b1 id="sky">
      <div>Sky and clouds</div>
    </section>
  ▼ <section data-v-7a7a37b1 class="wrapper">
      <div> This is a house </div>
      <!--teleport start-->
      <!--teleport end-->
    </section>
```

圖 4-8 使用 Teleport 元件時的實際 DOM 樹

你還可以透過它的 disabled 這個 Boolean prop 暫時禁止移動 <Teleport> 元件實體中的內容。若想保留 DOM 樹狀結構,讓 Vue 只在需要時將所需內容移動到目標位置,這個元件就很好用。Teleport 的日常用例是強制回應(modal)的對話方塊,我們接下來會加以實作。

將兩個區段都包裹在父元素中

在掛載 <Teleport> 之前,DOM 中必須存在作為傳送目的地的元件。在範例 4-27 中,如果將兩個 section 實體都包裹在一個 main 元素底下,<Teleport> 元件將無法如預期執行。更多詳情,請參閱第 138 頁的「使用 Teleport 的描繪問題」。

使用 Teleport 和 <dialog> 元素實作強制回應的對話方塊

強制回應(modal)的對話方塊是出現在螢幕頂端的對話視窗,會阻斷使用者與主頁面的互動。使用者必須與強制回應視窗互動才能將其解除,然後回到主頁面。

在顯示需要使用者全神貫注且應該只出現一次的重要通知時,強制回應對話方塊(或簡稱為「modal」)就非常方便。

我們來設計一個基本的強制回應對話方塊。與對話方塊(dialog)類似,強制回應對話方塊應包含以下元素(圖 4-9):

• 覆蓋整個螢幕的底圖(backdrop),強制回應對話方塊會出現在其上,阻斷使用者與當前頁面的互動。

• 含有強制回應內容的強制回應視窗(modal window),包括帶有標題(title)和關閉按鈕(close button)的一個 header、一個 main 內容區段,以及帶有預設關閉按鈕的一個 footer 區段。這三個部分都應可以使用插槽(slots)進行客製化。

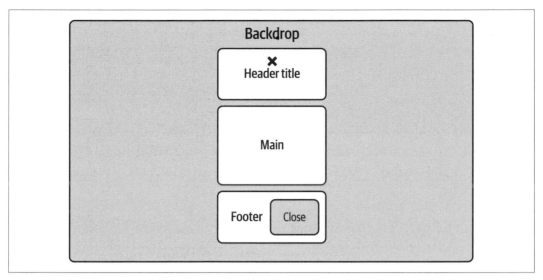

圖 4-9　基本強制回應對話方塊的設計

基於前面的設計，我們在範例 4-28 中使用 `<dialog>` HTML 元素實作 Modal 元件樣板。

範例 *4-28　Modal 元件*

```
<template>
  <dialog :open="open">
    <header>
      <slot name="m-header"> ❶
        <h2>{{ title }}</h2>
        <button>X</button>
      </slot>
    </header>
    <main>
      <slot name="m-main" /> ❷
    </main>
    <footer>
      <slot name="m-footer"> ❸
        <button>Close</button>
      </slot>
    </footer>
  </dialog>
</template>
```

在前面的程式碼中，我們使用三個插槽區段，允許使用者進行自訂：

❶ modal 的標頭（m-header）

❷ 主要內容（m-main）

❸ modal 的註腳（m-footer）

我們也繫結了 `<dialog>` 元素的 open 屬性與本地資料特性 open，以控制強制回應對話方塊的可見性（visible/hidden）。此外，我們還將 title prop 描繪為 modal 的預設標題。現在，我們來實作 Modal 元件的選項，如範例 4-29 所示，它將接收兩個 props：open 和 title。

範例 4-29　*為 Modal 元件新增 props*

```ts
<script lang="ts">
import { defineComponent } from 'vue'

export default defineComponent({
  name: 'Modal',
  props: {
    open: {
      type: Boolean,
      default: false,
    },
    title: {
      type: String,
      default: 'Dialog',
    },
  },
})
</script>
```

當使用者點擊 modal 的關閉按鈕或標頭上的「X」按鈕時，它就會自行關閉。由於我們使用 open prop 來控制 modal 的可見性，因此我們需要從 Modal 元件向父元件發出帶有 open 新值的 closeDialog 事件。我們在範例 4-30 中宣告 emits 和 close 方法，該方法會發射目標事件。

範例 4-30　*宣告事件 closeDialog 讓 Modal 發射*

```ts
<script lang="ts">
/** Modal.vue */
import { defineComponent } from 'vue'

export default defineComponent({
```

```
      name: 'Modal',
      //...
      emits: ["closeDialog"], ❶
      methods: {
        close() { ❷
          this.$emit("closeDialog", false);
        },
      },
    })
    </script>
```

❶ 帶有一個事件 closeDialog 的 emits

❷ close 方法，該方法會發出 closeDialog 事件，並將 open 的新值設為 false

然後，我們使用 @ 符號將其繫結到 <dialog> 元素中相關的動作元素，如範例 4-31 所示。

範例 4-31　繫結 click 事件的事件聆聽者

```
    <template>
      <dialog :open="open" >
        <header>
          <slot name="m-header" >
            <h2>{{ title }}</h2>
            <button @click="close" >X</button> ❶
          </slot>
        </header>
        <main>
          <slot name="m-main" />
        </main>
        <footer>
          <slot name="m-footer" >
            <button @click="close" >Close</button> ❷
          </slot>
        </footer>
      </dialog>
    </template>
```

❶ 標頭上「X」按鈕的 @click 事件處理器

❷ 註腳上預設關閉按鈕的 @click 事件處理器

接下來，我們需要用 <Teleport> 元件來包裹 dialog 元素，以便將其移到父元件的 DOM 樹之外。我們還將 to prop 傳入給 <Teleport> 元件，以指定目標位置：id 為 modal 的 HTML 元素。最後，我們將 disabled prop 與元件的 open 值繫結，以確保 Vue 只在可見時將強制回應元件的內容移動到所需位置（範例 4-32）。

範例 4-32　使用 <Teleport> 元件

```
<template>
  <teleport ❶
    to="#modal" ❷
    :disabled="!open" ❸
  >
    <dialog ref="dialog" :open="open" >
      <header>
      <slot name="m-header">
        <h2>{{ title }}</h2>
        <button @click="close" >X</button>
      </slot>
      </header>
      <main>
        <slot name="m-main" />
      </main>
      <footer>
        <slot name="m-footer">
          <button @click="close" >Close</button>
        </slot>
      </footer>
    </dialog>
  </teleport>
</template>
```

❶ <Teleport> 元件

❷ to prop 是帶有 id 選擇器 modal 的目標位置

❸ disabled prop 的條件是當元件的 open 值是假值（falsy）的

現在，在 WithModalComponent 中試用我們的 Modal 元件，將範例 4-33 中的以下程式碼新增到 WithModalComponent。

範例 4-33　在 WithModalComponent 中使用強制回應元件

```
<template>
  <h2>With Modal component</h2>
  <button @click="openModal = true">Open modal</button>
  <Modal :open="openModal" title="Hello World" @closeDialog="toggleModal"/>
```

```
    </template>
    <script lang="ts">
    import { defineComponent } from "vue";
    import Modal from "./Modal.vue";

    export default defineComponent({
      name: "WithModalComponent",
      components: {
        Modal,
      },
      data() {
        return {
          openModal: false,
        };
      },
      methods: {
        toggleModal(newValue: boolean) {
          this.openModal = newValue;
        },
      },
    });
    </script>
```

最後，在 index.html 檔案的 body 元素中新增 id 為 modal 的 <div> 元素：

```
    <body>
      <div id="app"></div>
      <div id="modal"></div> ❶
      <script type="module" src="/src/main.ts"></script>
    </body>
```

❶ id 為 modal 的 div 元素

藉由這樣做，只要 open prop 設定為 true，Vue 就會將 Modal 元件的內容描繪到這個 id 為 modal 的 div 中（圖 4-10）。

```
    ▼ <body>
      ▶ <div id="app" data-v-app> ⋯
      ▼ <div id="modal"> == $0
        ▶ <dialog open> ⋯ </dialog>
        </div>
```

圖 4-10 Modal 元件在可見時會描繪在 id 為 modal 的 div 中

圖 4-11 是螢幕上的顯示效果：

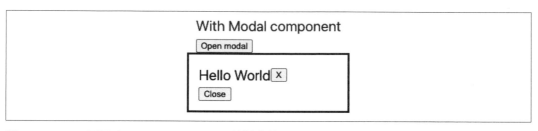

圖 4-11　Modal 可見時 WithModalComponent 的輸出結果

而當 open prop 為 false 時，帶有 id modal 的 div 會是空的（圖 4-12），而且螢幕上看不到強制回應對話方塊（圖 4-13）。

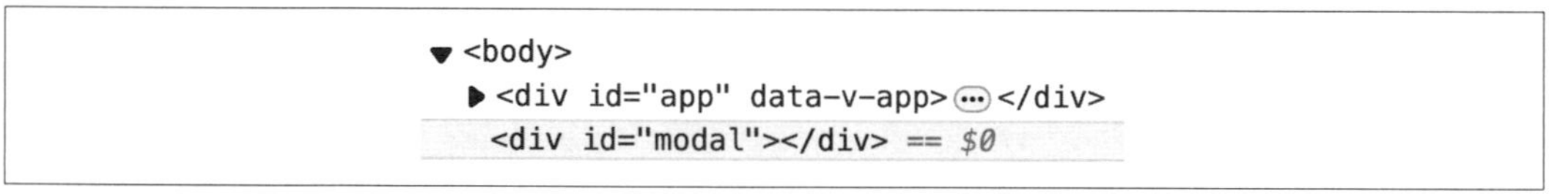

```
▼ <body>
  ▶ <div id="app" data-v-app>⋯</div>
    <div id="modal"></div> == $0
```

圖 4-12　隱藏時，Modal 元件不會描繪到 id 為 modal 的 div 中

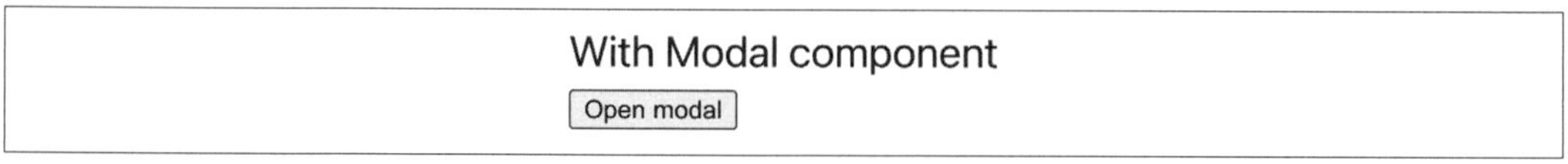

With Modal component
[Open modal]

圖 4-13　隱藏時不可見的 Modal 元件

至此，你就擁有了可以正常運作的強制回應元件。不過，強制回應的視覺效果並不盡如人意；當強制回應可見時，主頁面內容上應該有覆蓋深色的一層底圖。我們使用 CSS 樣式，針對 modal 元素 <style> 區段中的 ::backdrop 選擇器進行設定來解決這個問題：

```
<style scoped>
  dialog::backdrop {
    background-color: rgba(0, 0, 0, 0.5);
  }
</style>
```

然而，這不會改變 modal 底圖（backdrop）的外觀。出現這種情況的原因是，只有在我們使用 dialog.showModal() 方法開啟對話方塊時，瀏覽器才會將 ::backdrop CSS 選擇器規則套用到對話方塊，而不是透過更改 open 屬性。要解決這個問題，我們需要在 Modal 元件中進行以下修改：

- 透過為 ref 屬性指定 "dialog" 值，新增對 <dialog> 元素的直接參考：

```
<dialog :open="open" ref="dialog">
  <!--...-->
</dialog>
```

- 每當 open prop 發生變化時，用 watch 在 dialog 元素上觸發 $refs.dialog.showModal() 或 $refs.dialog.close()：

```
watch: {
  open(newValue) {
    const element = this.$refs.dialog as HTMLDialogElement;
    if (newValue) {
      element.showModal();
    } else {
      element.close();
    }
  },
},
```

- 移除 <dialog> 元素的 open 屬性原本的繫結：

```
<dialog ref="dialog">
  <!--...-->
</dialog>
```

- 刪除 <teleport> 元件中對於 disabled 屬性的使用：

```
<teleport to="#modal">
  <!--...-->
</teleport>
```

使用內建的 showModal() 方法開啟 modal 時，瀏覽器會在 DOM 中實際的 <dialog> 元素上新增 ::backdrop 虛擬元素，而將元素內容動態移動到目標位置將停用此功能，從而使 modal 沒有所需的底圖。

我們還可以透過在 dialog 選擇器中新增以下 CSS 規則，將 modal 重新定位到頁面中心並且在其他元素的最上方：

```
dialog {
  position: fixed;
  z-index: 999;
  inset-block-start: 30%;
  inset-inline-start: 50%;
  width: 300px;
  margin-inline-start: -150px;
}
```

當 modal 可見時，輸出結果如圖 4-14 所示。

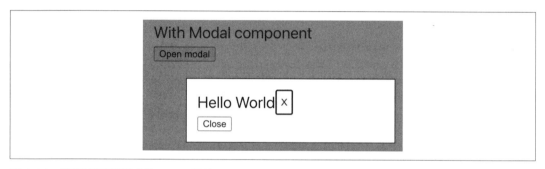

圖 4-14　帶有底圖和樣式的 Modal 元件

我們學到如何使用 Teleport 實作可重複使用的 Modal 元件，並探索了內建 <dialog> 元素的各種功能的不同用例。我們還學到如何使用 ::backdrop CSS 選擇器來為 modal 的底圖加上樣式。

正如你所注意到的，我們將 modal 的目標位置 div 設定為 body 的直接子元素，位於 Vue 應用程式入口元素 <div id="app"> 之外。如果我們想將 modal 的目標 div 移到 Vue 應用程式的入口元件 App.vue 中，會發生什麼情況呢？讓我們在下一節一探究竟。

使用 Teleport 的描繪問題

要了解使用 Teleport 在 App.vue 元件的子元件內描繪 modal 的問題，我們先將 <div id="modal"></div> 從 index.html 移動到 App.vue，放在 WithModalComponent 實體之後：

```
<template>
  <section class="wrapper">
    <WithModalComponent />
```

```
    </section>
    <div id="modal"></div>
  </template>
```

執行應用程式後，你可以看到，不管你多頻繁點擊 Open modal 按鈕，瀏覽器仍然沒有描繪 modal。而主控台會顯示以下錯誤：

```
⊗  ▶Uncaught (in promise) TypeError: Cannot read properties of null (reading
   'insertBefore')
       at insert (runtime-dom.esm-bundler.js:10:16)
       at move (runtime-core.esm-bundler.js:6094:13)
       at moveTeleport (runtime-core.esm-bundler.js:6555:17)
```

圖 4-15　在 App.vue 中描繪 modal 時的主控台錯誤訊息

由於 Vue 的描繪順序（rendering order）機制，父代（parent）在描繪自己之前會等待子代（children）的描繪。子代會依照出現在父代 template 區段的順序進行描繪。在這種情況下，WithModalComponent 會先描繪。因此，Vue 在描繪 ParentComponent 之前，就會描繪 <dialog> 元素並開始將元件的內容移到目標位置。然而，由於 ParentComponent 仍在等待 WithModalComponent 完成描繪，因此 <div id="modal"> 元素尚未存在於 DOM 中。結果就是，Vue 無法定位目標位置並執行正確的移動，也就無法在 <div id="modal"> 元素內描繪 <dialog> 元素，從而導致錯誤。

繞過這一限制的變通方法是將目標元素 <div id="modal"> 放在 WithModalComponent 之前：

```
  <template>
    <div id="modal"></div>
    <section class="wrapper">
      <WithModalComponent />
    </section>
  </template>
```

此解決方案可確保目標 div 在 Vue 描繪 Modal 元素並移動內容之前就可用。另一種做法是在描繪期間使用 disabled 屬性推遲 Modal 的內容移動過程，直到使用者點擊 Open modal 按鈕為止。這兩種選擇各有利弊，你應該選擇最適合自己的方式。

最常見的解決方案是將目標元素作為 body 元素的直接子元素插入，將其與 Vue 描繪情境隔離。

使用 <Teleport> 的一大好處是，在維持程式碼階層架構、元件隔離性和可讀性的同時，達成最佳的視覺顯示效果（如全螢幕模式、強制回應、側邊欄等）。

總結

本章探討了使用 props、emits 和 provide/inject 等 Vue 內建功能進行元件間通訊的不同做法之概念。我們學到如何使用這些功能在元件間傳遞資料和事件,同時保持 Vue 的資料流機制不變。我們還學到如何使用 Teleport API 描繪在父元件 DOM 樹狀結構外部的元素,同時保持其在父元件 <template> 中的出現順序。<Teleport> 有利於建置需要與主頁面元素對齊顯示的元件,如彈出式選單、對話方塊、強制回應等。

在下一章中,我們將進一步探討 Composition API 以及如何使用它將 Vue 元件組合在一起。

第五章

Composition API

在上一章中，你學到如何使用傳統的 Options API 來撰寫 Vue 元件。儘管自 Vue 2 以來，Options API 是構成 Vue 元件最常用的 API，但使用 Options API 可能會導致非必要的程式碼複雜性、難以閱讀的大型元件程式碼，並減損它們之間的邏輯可重用性。針對此類用例，本章將介紹另一種構成 Vue 元件的方法，即 Composition API（組合 API）。

在本章中，我們將探索不同的組合掛接器（composition hooks），以便在 Vue 中建立函式型的有狀態元素（functional stateful element）。我們還將學習如何結合 Options API 和 Composition API 來達成更好的反應式控制，並為我們的應用程式編寫自己的可重用（reusable）且可組合（composable）的元素。

使用 Composition API 設定元件

在 Vue 中，使用 Options API 組合元件是一種常見的做法。然而，在許多情況下，我們希望重複使用元件的部分邏輯，而不必擔心像 mixins[1] 中那樣的資料和方法重疊問題，或者希望元件更具可讀性且更有組織。在這種情況下，Composition API 就能派上用場。

在 Vue 3.0 中引進的 Composition API 提供另一種方式，藉助 setup() 掛接器（第 66 頁的「setup」）或 <script setup> 標記來組合出有狀態的反應式元件。setup() 掛接器是元件選項物件（options object）的一部分，會在初始化和建立元件實體之前（在 beforeCreate() 掛接器之前）執行一次。

---

[1] 使用 mixin 時，你就是在撰寫一個新元件的組態。

你只能在此掛接器或等效語法 <script setup> 標記中使用 Composition API 函式或可組合掛接器（composables，第 158 頁的「建立可重複使用的可組合掛接器」）。這種結合方式建立了一種有狀態的函式型元件（stateful functional component），為定義元件的反應式狀態和方法、以及初始化其他生命週期掛接器（參閱第 150 頁的「使用生命週期掛接器」）提供絕佳的位置，使程式碼更加直觀易讀。

讓我們從處理元件反應式資料的 ref() 和 reactive() 函式開始，探索 Composition API 的強大功能。

使用 ref() 和 reactive() 處理資料

在第 2 章中，我們學習了 Options API 中用於初始化元件資料的 data() 函式特性（第 22 頁的「藉由資料特性建立本地狀態」）。從 data() 回傳的物件中的所有資料特性都是反應式（reactive）的，這意味著 Vue 引擎會自動觀察宣告的每個資料特性的變化。然而，若有很多資料特性（其中大部分是靜態的）時，這種預設功能可能會為你的元件帶來額外負擔。在這種情況下，Vue 引擎仍會為這些靜態值啟用觀察者（watchers），這是非必要的。為了限制過多資料觀察者的數量，並對要觀察哪些資料特性有更多控制，Vue 在 Composition API 中引進了 ref() 和 reactive() 函式。

使用 ref()

ref() 是個函式，它接受單一引數，並回傳以該引數為初始值的反應式物件（reactive object）。我們稱回傳的這個物件為 ref 物件：

```
import { ref } from 'vue'

export default {
  setup() {
    const message = ref("Hello World")
    return { message }
  }
}
```

或在 <script setup> 中：

```
<script setup>
import { ref } from 'vue'

const message = ref("Hello World")
</script>
```

然後，我們可以在 script 區段中透過它單一的 value 特性存取回傳物件當前的值。舉例來說，範例 5-1 中的程式碼建立了初始值為 "Hello World" 的反應式物件。

範例 5-1　使用 ref() 建立初始值為「Hello World」的反應式訊息

```
import { ref } from 'vue'

const message = ref("Hello World")

console.log(message.value) //Hello World
```

若你搭配使用 setup() 掛接器和 Options API，就可以在元件的其他部分存取 message，而無須 .value，也就是說，只要用 message 就夠了。

然而，在 template 標記區段，可以不使用 value 特性直接獲取其值。例如，範例 5-2 中的程式碼將印出與範例 5-1 相同的 message，不過是列印到瀏覽器上。

範例 5-2　在 template 區段中存取 message 值

```
<template>
    <div>{{ message }}</div>
</template>
<script lang="ts" setup>
import { ref } from 'vue'

const message = ref("Hello World")
</script>
```

ref() 函式根據傳入的初始值推斷回傳物件的型別。若要明確定義回傳物件的型別，可以使用 TypeScript 語法 ref<type>()，例如 ref<string>()。

由於 ref 物件是反應式的而且可變（mutable），我們可以為它的 value 特性指定新值來更改其值。然後 Vue 引擎就會觸發相關的觀察者並更新元件。

在範例 5-3 中，我們將重新建立 MyMessageComponent（來自 Options API 的範例 3-3），它可以接受使用者輸入並改變所顯示的 message。

範例 5-3 使用 *ref()* 建立反應式的 *MyMessageComponent*

```
<template>
    <div>
        <h2 class="heading">{{ message }}</h2>
        <input type="text" v-model="message" />
    </div>
</template>
<script lang="ts" setup>
import { ref } from 'vue'

const message = ref("Welcome to Vue 3!")
</script>
```

當我們更改輸入欄位的值時，瀏覽器會相應地顯示更新後的 message 值，如圖 5-1 所示。

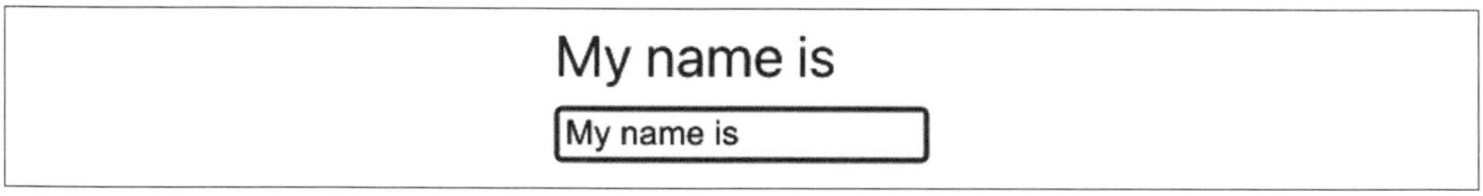

My name is

My name is

圖 5-1 當我們變更輸入欄位的值時，所顯示的值就會改變

在瀏覽器 Developer Tools 的 Vue 分頁中，我們可以看到 setup 區段底下列出 ref 物件 message，並標有 Ref（圖 5-2）。

<MyMessageComponent>   Q Filter state...

▼ setup
    message: "Welcome to Vue 3!" (Ref)

圖 5-2 ref 物件 message 列在 setup 區段底下

如果我們在元件中新增另一個靜態資料 title（範例 5-4），Vue 分頁會顯示 title 資料特性，但沒有任何標示（圖 5-3）。

範例 5-4 為 *MyMessageComponent* 新增靜態的 *title*

```
<template>
    <div>
        <h1>{{ title }}</h1>
        <h2 class="heading">{{ message }}</h2>
```

```
        <input type="text" v-model="message" />
    </div>
</template>
<script lang="ts" setup>
import { ref } from 'vue'

const title = "My Message Component"
const message = ref("Welcome to Vue 3!")
</script>
```

```
<MyMessageComponent>   🔍 Filter state...

▼ setup
      message: "Welcome to Vue 3!" (Ref)
      title: "My Message Component"
```

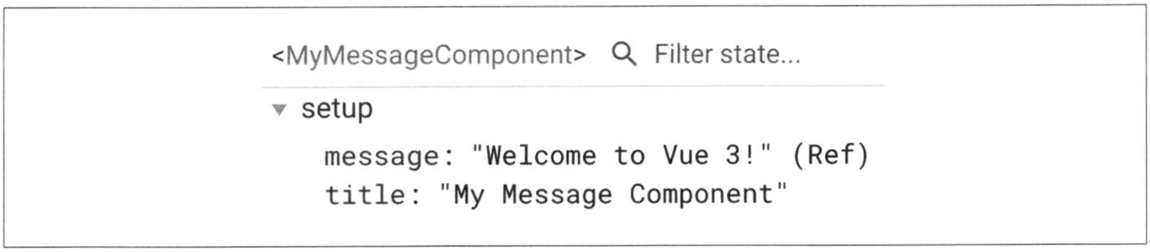

圖 5-3　title 資料特性在列出時沒有任何標示

前面的程式碼（範例 5-4）等同於帶有 setup() 掛接器的範例 5-5。

範例 5-5　使用 *setup()* 掛接器建立反應式的 *MyMessageComponent*

```
<template>
    <div>
        <h2 class="heading">{{ message }}</h2>
        <input type="text" v-model="message" />
    </div>
</template>
<script lang="ts">
import { ref } from 'vue'

export default {
    setup() {
        const message = ref("Welcome to Vue 3!")
        return {
            message
        }
    }
}
</script>
```

你可以使用 ref() 函式為任何原始型別（primitive type，如 string、number、boolean、null、undefined 等）和任何物件型別建立反應式物件。然而，對於陣列（array）和 object 等物件型別，ref() 函式回傳的是強反應式物件（intensely reactive object），這意味著 ref 物件及其內嵌特性都是可變的，如範例 5-6 所示。

範例 5-6　使用 *ref()* 建立深層反應式物件

```ts
import { ref } from 'vue'

const user = ref({
    name: "Maya",
    age: 20
})

user.value.name = "Rachel"
user.value = {
    name: "Samuel",
    age: 20
}

console.log(user.value) // { name: "Samuel", age: 20 }
```

在範例 5-6 中，我們可以用新的值替換 user 的特性 name 和整個 user 物件。我們認為這種情況在 Vue 中是一種不好的實務做法（*bad practice*），它會導致大型資料結構的效能問題和非預期行為。為避免出現這種情況，我建議根據你的用例改為使用 shallowRef() 和 reactive() 函式：

- 如果你想建立反應式的物件型別資料，並在之後用新的值來替換它，請使用 shallowRef()。藉助生命週期組合掛接器（lifecycle composition hooks）將元件與非同步的資料擷取（asynchronous data fetching）整合在一起是個很好的例子，如範例 5-7 所示。

- 如果你想建立反應式的物件型別資料並只更新其特性，請使用 reactive()，我們將在下一節介紹。

範例 5-7　使用 *shallowRef()* 管理外部的資料擷取

```ts
<script lang="ts" setup>
import { shallowRef } from "vue";

type User = {
    name: string;
    bio: string;
    avatar_url: string;
```

```
    twitter_username: string;
    blog: string;
};

const user = shallowRef<User>({ ❶
    name: "",
    bio: "",
    avatar_url: "",
    twitter_username: "",
    blog: "",
});

const error = shallowRef<Error | undefined>(); ❷

const fetchData = async () => {
    try {
        const response = await fetch("https://api.github.com/users/mayashavin");

        if (response.ok) {
            user.value = (await response.json()) as User; ❸
        }
    } catch (e) {
        error.value = e as Error; ❹
    }
};

fetchData();
</script>
```

❶ shallowRef 建立 User 型別的反應式 user 變數，其中包含初始資料。

❷ 使用 shallowRef 建立可以是 undefined 或 Error 型別的反應式 error 變數。

❸ 將 user 的值替換為回應（response）的資料（假設它是 User 型別）。

❹ 發生錯誤時更新 error 的值。

使用 reactive()

reactive() 函式與 ref() 函式類似，不同之處在於：

- 它接受物件型別的資料作為引數。

- 你可以不用透過 value 直接存取反應式的回傳物件及其特性。

只有回傳物件的內嵌特性是可變的，試圖直接修改回傳物件的值或使用 value 特性將導致錯誤：

```
import { reactive } from 'vue'

const user = reactive({
    name: "Maya",
    age: 20
})

/*
TypeScript error - property 'value' does not exist
on type '{ name: string; age: number; }'
*/
user.value = {
    name: "Samuel",
    age: 20
}

/*
TypeScript error - cannot reassign a read-only variable
*/
user = {
    name: "Samuel",
    age: 20
}
```

但你可以修改 user 物件的特性，如 name 和 age：

```
import { reactive } from 'vue'

const user = reactive({
    name: "Maya",
    age: 20
})

user.name = "Rachel"
user.age = 30
```

 在幕後，ref() 會觸發 reactive()。

需要注意的是，reactive() 函式回傳的是原本傳入物件的反應式 proxy 版本。因此，如範例 5-8 所示，如果我們對反應式回傳物件做任何更改，都會反映到原本的物件上，反之亦然。

範例 5-8　同時修改原始物件和反應式物件

```
import { reactive } from 'vue'

const defaultUser = {
    name: "Maya",
    age: 20
}

const user = reactive(defaultUser)

user.name = "Rachel"
user.age = 30

console.log(defaultUser) // { name: "Rachel", age: 30 }

defaultUser.name = "Samuel"

console.log(user) // { name: "Samuel", age: 30 }
```

在本範例中，當 user 發生變化時，defaultValue 和 user 的特性也都會發生變化，反之亦然。因此，使用 reactive() 函式時最好格外謹慎。在傳入給 reactive() 之前，應該使用分散（spread）語法（...）建立新物件（範例 5-9）。

範例 5-9　搭配分散語法使用 *reactive()*

```
import { reactive } from 'vue'

const defaultUser = {
    name: "Maya",
    age: 20
}

const user = reactive({ ...defaultUser })

user.name = "Rachel"
user.age = 30

console.log(defaultUser) // { name: "Maya", age: 20 }

defaultUser.name = "Samuel"

console.log(user) // { name: "Rachel", age: 30 }
```

reactive() 函式可以對初始物件進行深度的反應性轉換。因此，它可能會導致大型資料結構出現效能問題。若只想觀察根物件的特性，而不想觀察其後裔，則應改用 shallowReactive() 函式。

你也可以結合 ref() 和 reactive()，但由於其複雜性和反應性解封裝（reactivity unwrapping）機制，我並不推薦這樣做。如果需要從另一個反應式物件建立出反應式物件，則應使用 computed()（參閱第 156 頁的「使用 computed()」）。

表 5-1 總結了 ref()、reactive()、shallowRef() 和 shallowReactive() 的用例。

表 5-1　ref()、reactive()、shallowRef() 和 shallowReactive() 函式的用例

掛接器	何時使用
ref()	用於一般情況的原始資料型別，或需要重新指定物件及其特性時的物件型別。
shallowRef()	物件型別僅作為預留位置，以便之後重新指定，不觀察特性。
reactive()	用於物件型別資料的特性觀察，包括內嵌特性。
shallowReactive()	用於物件型別資料的特性觀察，不包括內嵌特性。

接下來，我們將檢視生命週期組合掛接器（the lifecycle composition hooks）及其功能。

使用生命週期掛接器

在第 63 頁的「元件生命週期掛接器」中，我們學到了元件的生命週期掛接器（lifecycle hooks），以及它們在傳統的 Vue Options API 中作為元件選項物件的特性看起來是什麼樣子。在 Composition API 中，生命週期掛接器是獨立的函式，我們需要從 vue 套件匯入，然後才能使用它們在元件生命週期的特定時間點執行邏輯。

Composition API 的生命週期掛接器與 Options API 中的生命週期掛接器類似，只是語法現在含有前綴 on（例如，在 Composition API 中，mounted 變成了 onMounted）。表 5-2 顯示了一些生命週期掛接器從 Options API 到 Composition API 的映射。

表 5-2　從 Options API 對映到 Composition API 的生命週期掛接器

Options API	Composition API	說明
beforeMount()	onBeforeMount()	在元件的首次描繪（first render）之前呼叫。
mounted()	onMounted()	在 Vue 描繪元件並將其掛載到 DOM 之後呼叫。
beforeUpdate()	onBeforeUpdate()	在元件更新程序啟動之前呼叫。

Options API	Composition API	說明
updated()	onUpdated()	在 Vue 將更新後的元件描繪到 DOM 之後呼叫。
beforeUnmount()	onBeforeUnmount()	在卸載元件之前呼叫。
unmounted()	onUnmounted()	在 Vue 移除並銷毀元件實體之後呼叫。

你可能注意到了，並非 Options API 所有的生命週期掛接器在 Composition API 中都有對應的功能，例如 beforeCreate() 和 created()。相反地，我們使用 setup() 或 <script setup> 與其他 Composition API 掛接器來達成相同的結果，甚至能以更有組織的方式定義元件的邏輯。

我們使用上述掛接器註冊回呼（callbacks）函式，透過傳入回呼函式作為其唯一引數，Vue 將在適當的時候執行它們。舉例來說，要為 beforeMount() 掛接器註冊回呼函式，我們可以這樣做：

```ts
<script setup lang="ts">
import { onBeforeMount } from 'vue'

onBeforeMount(() => {
    console.log('beforeMount triggered')
})
</script>
```

由於 Vue 會在建立元件實體之前觸發 setup()，因此無論是在 setup() 還是在其中註冊的掛接器內，都無法存取 this 實體。以下程式碼在使用時會列印出 undefined（圖 5-4）：

```
import { onMounted } from 'vue'
onMounted(() => {
    console.log('component instance: ', this)
})
```

```
component instance:  undefined

>
```

圖 5-4　在 Composition 生命週期掛接器中存取 this 會產生 undefined

不過，你可以使用 ref() 掛接器和 ref 指示詞存取元件的 DOM 實體（如 Options API 中的 this.$el），就像我們在本範例中定義 inputRef 的方式一樣：

```
import { ref } from 'vue'

const inputRef = ref(null)
```

然後將其繫結到樣板中的 ref 指示詞：

```
<template>
    <input
        ref="inputRef"
        v-model="message" type="text" placeholder="Enter your name"
    />
</template>
```

最後，我們就能在 onMounted() 或 onUpdated() 掛接器中存取 DOM 實體：

```
import { onUpdated, onMounted } from 'vue'

onMounted(() => {
    console.log('DOM instance: ', inputRef.value)
})

onUpdated(() => {
    console.log('DOM instance after updated: ', inputRef.value)
})
```

掛載元件後，inputRef 將指向輸入元素的正確 DOM 實體。每次使用者更改輸入欄位時，Vue 都會觸發 onUpdated() 掛接器並相應地更新 DOM 實體。圖 5-5 顯示掛載後使用者在輸入框中鍵入資料時的主控台記錄。

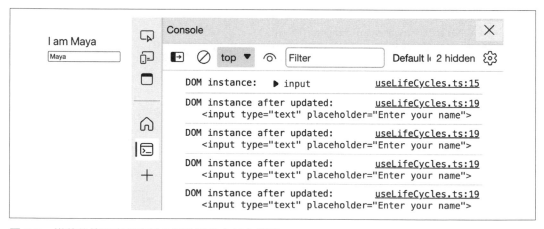

圖 5-5　掛載後使用者更改輸入欄位時的主控台記錄

相較於 Options API 的生命週期掛接器，Composition API 的生命週期掛接器在許多情況下都能有幫助，尤其是想讓函式型元件的邏輯保持簡潔有序時。你還可以將生命週期掛接器與其他 Composition API 掛接器結合起來，實現更複雜的邏輯，並建立可重複使用的自訂掛接器（請參閱第 158 頁的「建立可重複使用的可組合掛接器」）。下一節，我們將從 watch() 開始，介紹其他重要的 Composition API 掛接器。

了解 Composition API 中的觀察者

與 Options API 的 watch() 一樣，Composition API 的 watch() 掛接器也用於觀察反應式資料的變化並調用回呼。watch() 接受三個引數，如下列語法所示：

```
watch(
    sources: WatchSource,
    cb: (newValue: T, oldValue: T, cleanup: (func) => void)) => any,
    options?: WatchOptions
): WatchStopHandle
```

- sources 是要讓 Vue 觀察的反應式資料。它可以是單一反應式資料、回傳反應式資料的 getter 函式或這些東西的陣列。

- cb 是回呼函式（callback function），Vue 會在任何 sources 發生變化時執行該函式。該函式接受兩個主要引數：newValue 和 oldValue，以及選擇性的副作用清理函式（side effect cleanup function），在下一次調用前觸發。

- options 是 watch() 掛接器的選項，它是選擇性的，包含表 5-3 中描述的欄位。

表 5-3 watch() 選項的欄位

特性	說明	接受的型別	預設值	是否必要？
deep	指出 Vue 是否應觀察目標資料內嵌特性的變化（如果有的話）。	boolean	false	否
immediate	指出是否在掛載元件後立即觸發處理器（handler）。	boolean	false	否
flush	指出處理器執行的時間序。預設情況下，Vue 會在更新 Vue 元件之前觸發處理器。	pre、post、sync	pre	否
onTrack	除錯時用於追蹤反應式資料，僅限開發模式。	函式	undefined	否
onTrigger	除錯時用於觸發回呼，僅限開發模式。	函式	undefined	否

它還會回傳 WatchStopHandle 函式，可以隨時用以停止觀察者。

我們來看看 UserWatcherComponent 元件，它與第 3 章範例 3-17 中的樣板相同，我們可以根據預設的 user 物件修改 user.name 和 user.age。我們將使用 Composition API 改寫它的 `<script>`，如範例 5-10 所示。

範例 5-10　使用 *setup()* 和 *ref()* 的 *UserWatcherComponent* 元件

```
<script setup lang='ts'>
import { reactive } from 'vue'

//...

const user = reactive<User>({
  name: "John",
  age: 30,
});
</script>
```

然後，我們為 user 物件新增一個觀察者，如範例 5-11 所示。

範例 5-11　使用 *watch()* 掛接器觀察 *user* 資料

```
import { reactive, watch } from 'vue'

watch(user, (newValue, oldValue) => {
    console.log('user changed from: ', oldValue, ' to: ', newValue)
})
```

預設情況下，只有在 user 發生變化時，Vue 才會觸發回呼函式。在前面的範例中，由於我們使用 reactive() 建立 user，Vue 會自動啟用 deep 功能來觀察其特性。若希望 Vue 只觀察 user 的某個特定特性（如 user.name），我們可以建立一個 getter（取值器）函式來回傳該特性，並將其作為 sources 引數傳入給 watch()，如範例 5-12 所示。

範例 5-12　使用 *watch()* 掛接器觀察 *user* 的特定特性

```
import { reactive, watch } from 'vue'

watch(
    () => user.name,
    (newValue, oldValue) => {
        console.log('user.name changed from: ', oldValue, ' to: ', newValue)
    }
)
```

當你對 user.name 進行變更，主控台記錄將顯示如圖 5-6 所示的訊息。

```
user.name changed from:    John   to:   Johnn
user.name changed from:    Johnn   to:   Johnnn
user.name changed from:    Johnnn   to:   Johnnny
>
```

圖 5-6　更改 user.name 後的主控台記錄

若需要在掛載元件後立即觸發觀察者，可以將 { immediate: true } 作為第三個引數傳入
給 watch()，如範例 5-13 所示。

範例 5-13　使用帶有 *immediate* 選項的 *watch()* 掛接器

```
import { reactive, watch } from 'vue'

watch(
    () => user.name,
    (newValue, oldValue) => {
        console.log(
            'user.name changed from: ',
            oldValue,
            ' to: ',
            newValue
        )
    },
    { immediate: true }
)
```

掛載元件後，主控台記錄將立即顯示 user.name 從 undefined 變為了 John。

你也可以向 watch() 傳入反應式資料組成的一個 sources 陣列，Vue 會透過兩組新值和舊
值觸發回呼函式，每組中反應式資料的順序都與 sources 陣列相同，如範例 5-14 所示。

範例 5-14　對反應式資料陣列使用 *watch()* 掛接器

```
import { reactive, watch } from 'vue'

watch(
    [() => user.name, () => user.age],
    ([newName, newAge], [oldName, oldAge]) => {
        console.log(
            'user changed from: ',
            { name: oldName, age: oldAge },
            ' to: ',
```

```
            { name: newName, age: newAge }
        )
    }
)
```

當 user.name 或 user.age 發生變化時,上述觀察者將被觸發,主控台記錄將顯示相應的差異。

 如果你想觀察多個資料變化並觸發關聯動作,watchEffect() 可能是更好的選擇。它會追蹤觀察者函式中使用的反應式依存關係(reactive dependencies),在元件描繪後立即執行函式,並在任何依存關係的值發生變化時重新執行。不過,使用此 API 時應謹慎,因為如果列出的依存關係較多,且它們之間的更新頻率較高,則可能會導致效能問題。

使用 watch() 掛接器是動態觀察特定反應式資料或其特性的好方法。但是,若我們想根據現有的反應式資料建立新的反應式資料,就應該使用 computed(),這就是我們接下來要了解的。

使用 computed()

與計算特性(computed properties)類似,我們使用 computed() 從其他反應式資料建立出經過快取的反應式資料值。與 ref() 和 reactive() 不同的是,computed() 回傳的是一個唯讀(read-only)的參考物件,這意味著我們無法手動為其重新指定值。

我們以範例 3-11 中用 Options API 編寫的反向訊息為例,使用 computed() 掛接器改寫它,如範例 5-15 所示。

範例 5-15　使用 computed() 的 PalindromeCheck 元件

```
<script lang="ts" setup>
import { ref, computed } from 'vue'

const message = ref('Hello World')
const reversedMessage = computed<string>(
    () => message.value.split('').reverse().join('')
)
</script>
```

在 script 區段,我們使用回傳物件的 value 特性(reversedMessage.value)來存取其值,就像 ref() 和 reactive() 一樣。

範例 5-16 中的程式碼展示了我們如何建立另一個計算出來的資料點，根據 reversedMessage 來檢查訊息是否為迴文（palindrome）。

範例 5-16　使用 *computed()* 建立新的反應式資料 *isPalindrome*

```
<script lang="ts" setup>
import { ref, computed } from 'vue'

//...
const isPalindrome = computed<boolean>(
    () => message.value === reversedMessage.value
)
</script>
```

注意，這裡我們將 reservedMessage 和 isPalindrome 的型別明確宣告為 string 和 boolean，以避免型別推論（type inference）錯誤。現在你可以在樣板中使用這些計算出來的資料了（範例 5-17）。

範例 5-17　在樣板中使用透過 *computed()* 建立的資料

```
<template>
  <div>
    <input v-model="message" placeholder="Enter your message"/>
    <p>Reversed message: {{ reversedMessage }}</p>
    <p>Is palindrome: {{ isPalindrome }}</p>
  </div>
</template>
```

當使用者更改訊息輸入時，這段程式碼會產生圖 5-7 所示的輸出結果。

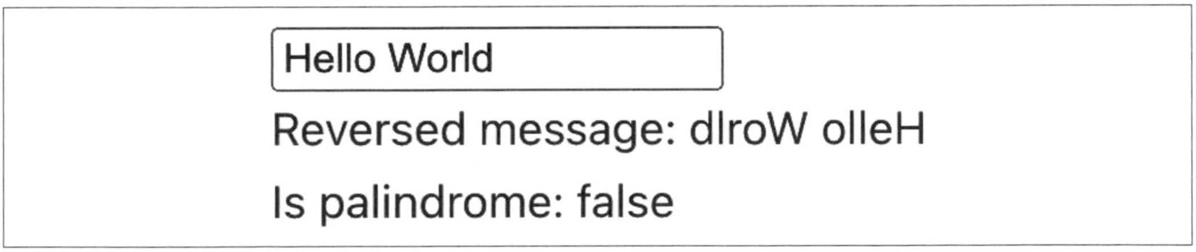

圖 5-7　使用 computed() 對訊息進行迴文檢查的元件

在瀏覽器的 Developer Tools 中開啟 Vue 分頁，就可以在 PalindromeCheck 元件的 setup 區段看到這些計算出的資料值（圖 5-8）。

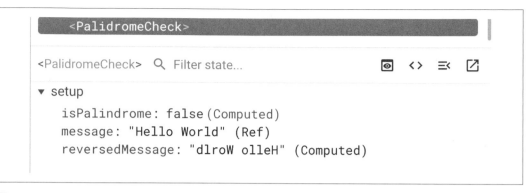

圖 5-8　PalindromeCheck 元件在 Developer Tools 中顯示的計算資料和反應式資料

 預設情況下，`computed()` 回傳一個唯讀的反應式資料參考。不過，你也可以透過傳入 `{ get, set }` 物件作為 `computed()` 的第一個引數，刻意將其宣告為可寫入（*writable*）的物件。這種機制與 Options API 中的 `computed` 特性保持一致。然而，我不建議使用此功能。你應該將其與 `ref()` 或 `reactive()` 結合使用。

我們已經學會如何使用 `computed()` 和 `watch()` 來達成與傳統的 `computed` 和 `watch` 選項特性相同的結果。你可以根據自己的偏好使用其中任何一種。你還可以使用這些掛接器建立自己的掛接器，稱為 composables（可組合掛接器），並在其他元件中重複使用，我們接下來將探討這一點。

建立可重複使用的可組合掛接器

Vue 3 最令人興奮的功能之一，就是可以從可用的 Composition API 函式建立出可重用（reusable）的有狀態掛接器（stateful hooks），稱為 composables（可組合的掛接器）[2]。我們可以將通用邏輯劃分並組合成可讀的 composables，然後使用它們來管理不同元件中特定資料的狀態變化。這種做法有助於分離狀態管理邏輯和元件邏輯，降低元件的複雜性。

要開始組合，你可以建立一個新的 TypeScript（`.ts`）檔案，並匯出會回傳反應式資料物件的一個函式作為你的 composable，如範例 5-18 所示。

---

[2]　一般而言，composable 就是一種自訂掛接器（custom hook）。

範例 5-18　建立一個範例 *composable*，即 *useMyComposable*

```
// src/composables/useMyComposable.ts
import { reactive } from 'vue'

export const useMyComposable = () => {
    const myComposableData = reactive({
        title: 'This is my composable data',
    })

    return myComposableData
}
```

在前面的程式碼中，我們在 src/composables 資料夾底下新建了名為 useMyComposable.ts 的 TypeScript 檔案，並匯出了名為 useMyComposable 的函式。該函式回傳使用 reactive() 函式建立的名為 myComposableData 的反應式資料物件。

 你可以把 composable 檔案放在專案中的任何地方，但我建議把它放在 src/composables 資料夾底下，以保持檔案的良好組織。另外，為 composable 檔案命名時，良好的實務做法是使用 use 前綴，然後是 composable 簡潔、具描述性的名稱。

然後，你就可以在元件中匯入並使用 useMyComposable，如範例 5-19 所示。

範例 5-19　在 *Vue* 元件中使用 *useMyComposable* 這個可組合掛接器

```
<script lang="ts" setup>
import { useMyComposable } from '@/composables/useMyComposable'

const myComposableData = useMyComposable()
</script>
```

現在，你可以存取元件樣板中的 myComposableData 以及元件邏輯的其他部分，將其作為本地反應式資料。

我們建立一個 useFetch composable 來使用 fetch API 查詢外部 API 的資料，如範例 5-20 所示。

範例 5-20　建立 *useFetch composable*

```
import { ref, type Ref, type UnwrapRef } from "vue";

type FetchResponse<T> = {
```

```
        data: Ref<UnwrapRef<T> | null>;
        error: Ref<UnwrapRef<Error> | null>;
        loading: Ref<boolean>;
    }

    export function useFetch<T>(url: string): FetchResponse<T> {
        const data = ref<T | null>(null);
        const loading = ref<boolean>(false);
        const error = ref<Error | null>(null);

        const fetchData = async () => {  ❶
            try {
                loading.value = true;
                const response = await fetch(url);

                if (!response.ok) {
                    throw new Error(`Failed to fetch data for ${url}`);
                }

                data.value = await response.json();
            } catch (err) {
                error.value = (err as Error).message;
            } finally {
                loading.value = false;
            }
        };

        fetchData();  ❷

        return {  ❸
            data,
            loading,
            error,
        };
    };
```

❶ 宣告用來擷取資料的內部邏輯。

❷ 在建立元件時觸發資料擷取,並自動更新資料。

❸ 回傳宣告的反應式變數。

然後,你可以重複使用 useFetch 來編寫另一個非同步的 composable,如 useGitHubRepos,
以便透過 GitHub API 查詢和管理使用者的儲存庫(repositories)資料(範例 5-21)。

範例 5-21　建立 *useGitHubRepos composable*

```ts
// src/composables/useGitHubRepos.ts
import { useFetch } from '@/composables/useFetch'
import { ref } from 'vue'

type Repo = { /**... */ }

export const useGitHubRepos = (username: string) => {
    return useFetch<Repo[]>(
        `https://api.github.com/users/${username}/repos`
    );
}
```

完成後，我們就可以在 GitHubRepos.vue 元件中使用 useGitHubRepos（範例 5-22）。

範例 5-22　在 *GitHubRepos* 元件中使用 *useGitHubRepos*

```ts
<script lang="ts" setup>
import { useGitHubRepos } from "@/composables/useGitHubRepos";
const { data: repos } = useGitHubRepos("mayashavin"); ❶
</script>
<template>
    <h2>Repos</h2>
    <ul>
    <li v-for="repo in repos" :key="repo.id"> ❷
      <article>
        <header>{{ repo.name }}</header>
        <p>{{ repo.description }}</p>
      </article>
    </li>
  </ul>
</template>
```

❶ 取得 data 並將之重新命名為 repos。

❷ 迭代 repos 並顯示每個 repo 的資訊。

擷取完成後，我們會在瀏覽器上看到列出的一串儲存庫（圖 5-9）。

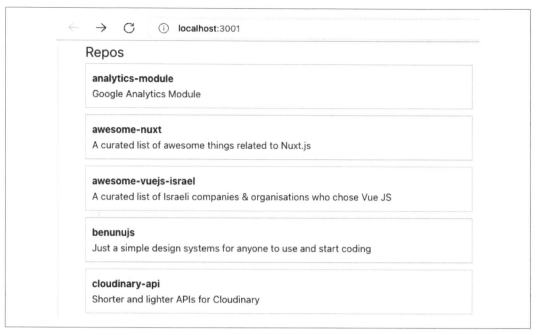

圖 5-9　使用 useGitHubRepos composable 取回並顯示儲存庫清單

在 Composables 之間映射資料

如果需要重新映射從另一個 composable 接收到的任何反應式資料，請使用 computed() 或 watch() 來保留反應性。範例 5-23 展示在 useGitHubRepos 中使用 useFetch 的錯誤範例。

範例 5-23　在 *useGitHubRepos* 中以錯誤的方式使用 *useFetch*

```
export const useGitHubRepos = (username: string) => {
  const response = useFetch<Repo[]>(
    `https://api.github.com/users/${username}/repos`
  );

  return {
    repos: response.data,
    loading: response.loading,
    error: response.error,
  };
};
```

有了 composables，你就能以模組化且可組合的方式建立應用程式的狀態管理邏輯。你甚至可以建立自己的 composables 程式庫，以便在其他 Vue 專案中重複使用，例如主題控制、資料獲取、商店支付管理等。VueUse（*https://oreil.ly/pKJmK*）是絕佳的 composable 資源，你可以在那裡找到許多實用、方便又經過測試的 Vue 組合工具，以滿足你的需求。

由於所有的反應式狀態只有在使用掛接器時才會被初始化，因此我們可以避免像在 mixins 中那樣的資料重疊問題。此外，測試元件也變得更加簡單，你可以單獨測試元素中使用的每個 composable，並維持元件邏輯的小巧和可維護性。

學到了 Composition API 和 composables 之後，你是否想建立自己的 composables 系統並在元件中使用它們？

總結

本章探討了如何改寫我們的元件，從 Options API 轉為使用 Composition API 函式，例如 setup 函式、反應性（reactivity）和生命週期掛接器（lifecycle hooks）。我們還學到如何基於現有的 composable（可組合的掛接器）建立自訂的 composable，從而提高程式碼的可重用性。在此基礎上，我們現在了解到每種 API 的優缺點，以及它們的使用案例，從而更好地進行開發。

你已準備好進入下一章，學習如何將來自 API 或資料庫資源的外部資料整合到 Vue 應用程式中。

第六章

整合外部資料

經過前面幾章的學習，你已經掌握了使用元件的基本要領，包括在元件之間傳遞資料以及在元件內部處理資料變化和事件。現在，你已準備好使用 Vue 元件整合應用程式的資料、並在螢幕上向使用者進行展示。

在大多數情況下，應用程式本身不會提供資料。取而代之，我們通常會從外部伺服器或資料庫（database）請求資料，然後用接收到的資料為應用程式充填適當的 UI。本章將介紹開發強健 Vue 應用程式的這一面向：如何使用 Axios 作為 HTTP 請求（request）工具，與外部資源通訊並處理外部資料。

Axios 是什麼？

對於向外部資源發出 HTTP 請求，Vue 開發人員有多種選擇可用，包括內建的 fetch 方法、傳統的 XMLHttpRequest 和第三方程式庫，例如 Axios。雖然內建的 fetch 是僅為了獲取資料的 HTTP 請求的不錯選擇，但從長遠來看，Axios 提供額外的功能，在處理更複雜的外部資源 API 時非常有用。

Axios 是用來發出 HTTP 請求的開源 JavaScript 輕量化程式庫，就跟 fetch 一樣，它也是基於承諾（promise-based）的 HTTP 客戶端，並且是同構（isomorphic）的，同時支援 node（伺服器端）和瀏覽器端。

使用 Axios 的一些顯著優勢包括攔截（intercept）和取消 HTTP 請求的能力，以及內建的客戶端跨站請求偽造（cross-site request forgery）防護功能。Axios 的另一個好處是，它能自動將反應式資料變換為 JSON 格式，讓開發人員在處理資料時獲得比使用內建 fetch 更好的體驗。

Axios 的官方網站（*https://oreil.ly/WxSN3*）包括 API 說明文件、安裝指示和主要用例供參考（圖 6-1）。

圖 6-1　Axios 的官方網站

安裝 Axios

要將 Axios 新增到你 Vue 專案的根目錄底下，請在終端中使用以下命令：

```
yarn add axios
```

安裝好 Axios 後，就可以用下列程式碼將 Axios 程式庫匯入到元件中需要的地方：

```
import axios from 'axios';
```

然後就可以使用 axios 開始查詢應用程式的資料了。下面我們就來探討如何結合 Axios 與生命週期掛接器來載入並顯示資料。

使用生命週期掛接器和 Axios 載入資料

正如在第 3 章所學到的，我們可以使用 beforeCreate、created 和 beforeMounted 生命週期掛接器（lifecycle hooks）來執行諸如資料擷取之類的輔助呼叫。但是，在需要載入外部資料並在元件中加以運用並且使用 Options API 的情況下，就不能使用 beforeCreate 了。Vue 會忽略使用 beforeCreate 進行的任何資料指定，因為它還沒有初始化任何反應式資料。在這種情況下，使用 created 和 beforeMounted 是更好的選擇。然而，beforeMounted 在伺服器端描繪中不可用，而且如果我們想使用 Composition API（涵蓋於第 5 章），Composition API 中並沒有與 created 掛接器等效的生命週期函式。

載入外部資料的更好選擇是使用 setup() 或 <script setup>，以及相應的反應式組合函式（composition functions）。

我們使用 axios.get() 方法，透過 *https://api.github.com/users/mayashavin* 這個 URL 進行非同步 GET 請求，獲取我 GitHub 個人檔案的公開資訊，如下列程式碼所示：

```
/**UserProfile.vue */
import axios from 'axios';
import { ref } from 'vue';

const user = ref(null);

axios.get('https://api.github.com/users/mayashavin')
    .then(response => {
        user.value = response.data;
    });
```

axios.get() 會回傳一個 promise（承諾），該承諾在解析（resolves）時可使用 promise 的鏈串方法 then() 來處理回應資料。Axios 會自動將 HTTP 回應（response）主體中的回應資料剖析為適當的 JSON 格式。在本範例中，我們會把接收到的資料指定給元件的 user 資料特性。我們還可以改寫這段程式碼，轉為使用 await/async 語法：

```
/**UserProfile.vue */
//...

async function getUser() {
    const response = await axios.get(
        'https://api.github.com/users/mayashavin'
    );
    user.value = response.data;
}

getUser();
```

我們還應該用 try/catch 區塊包裹程式碼，以處理請求過程中可能出現的任何錯誤。因此，我們的程式碼變成了：

```
/**UserProfile.vue */
import axios from 'axios';
import { ref } from 'vue';

const user = ref(null);
const error = ref(null); ❶

async function getUser() {
    try { ❷
        const response = await axios.get('https://api.github.com/users/mayashavin');

        user.value = response.data;
    } catch (error) {
        error.value = error; ❸
    }
}

getUser();
```

❶ 新增 error 資料特性，用於儲存從請求中收到的任何錯誤。

❷ 用 try/catch 區塊包裹程式碼，以處理請求過程中出現的任何錯誤。

❸ 將錯誤指定給 error 資料特性，以便在瀏覽器中向使用者顯示錯誤訊息。

GitHub 會用一個 JSON 物件回應我們的請求，其中包含範例 6-1 所示的主要欄位。

範例 6-1　UserProfile 型別

```
type User = {
  name: string;
  bio: string;
  avatar_url: string;
  twitter_username: string;
  blog: string;
  //...
};
```

有了這些反應式資料，我們現在就掌握了在螢幕上顯示使用者個人檔案的必要資訊。我們在元件的 template 區段新增以下程式碼：

```
<div class="user-profile" v-if="user">
    <img :src="user.avatar_url" alt="`${user.name} Avatar`" width="200"  />
    <div>
```

```
            <h1>{{ user.name }}</h1>
            <p>{{ user.bio }}</p>
            <p>Twitter: {{ user.twitter_username }}</p>
            <p>Blog: {{ user.blog }}</p>
        </div>
    </div>
```

請注意，這裡我們添加了 `v-if="user"`，以確保 Vue 僅在 user 可用時才描繪使用者個人檔案。

最後，如範例 6-2 所示，我們需要在元件的 script 區段做出一些修改，使程式碼完全相容於 TypeScript，包括在把回應資料指定給 user 特性之前將其映射為 User 資料型別，並且映射 error。

範例 6-2　*UserProfile* 元件

```
<template>
    <div class="user-profile" v-if="user">
        <!-- ... -->
    </div>
</template>
<script lang="ts" setup>
import axios from 'axios';
import { ref } from 'vue';

type User = { /**... */ }

const user = ref<User | null>(null) ❶
const error = ref<Error | null>(null)

async function getUser () {
    try {
        const response = await axios.get<User>(
            "https://api.github.com/users/mayashavin"
        )

        user.value = await response.data ❷
    } catch (err) {
        error.value = err as Error ❸
    }
}

getUser();
</script>
```

❶ 為 user 新增 User 型別宣告。

❷ 將回應資料指定給 user 特性。

❸ 指定給 error 特性之前，把錯誤強制轉型為 Error 型別。

請求成功解析後，螢幕上會顯示我的 GitHub 個人檔案資訊，如圖 6-2 所示。

圖 6-2　成功請求 GitHub 個人檔案資訊的範例輸出

同樣地，你也可以新增帶有 `v-else-if="error"` 條件的區段，以便在請求失敗時向使用者顯示錯誤訊息：

```
<template>
<div class="user-profile" v-if="user">
    <!--...-->
</div>
<div class="error" v-else-if="error">
    {{ error.message }}
</div>
</template>
```

說到這裡，你可能會問，當我們在元件建立過程中執行非同步請求（asynchronous request），幕後會發生什麼事？元件的生命週期是同步作業（operates synchronously）的，這意味著，不管非同步請求的狀態如何，Vue 都會繼續創建元件。這就給我們帶來了在執行時期處理各種元件中不同資料請求的挑戰，我們接下來將探討這一問題。

執行時期的非同步資料請求：挑戰所在

類似於 JavaScript 引擎的運作方式，Vue 也是同步作業的。如果途中有任何非同步請求，Vue 不會等待請求完成後再進行下一步。取而代之，Vue 會完成元件的創建程序，然後根據執行順序在非同步請求被解析或拒絕（resolves/rejects）時，回頭處理它。

讓我們退一步，在元件中的 onBeforeMounted、onMounted 和 onUpdated 掛接器上新增一些主控台記錄，看看執行的順序：

```
//<script setup>
import { onBeforeMount, onMounted, onUpdated } from "vue";

//...
async function getUser() {
  try {
    const response = await axios.get<User>(
        'https://api.github.com/users/mayashavin'
    );
    user.value = response.data;

    console.log('User', user.value.name) ❶
  } catch (err) {
    error.value = err;
  }
}

onBeforeMount(async () => {
    console.log('created') ❷
    getUser();
})

onMounted(() => {
    console.log("mounted"); ❸
});

onUpdated(() => {
    console.log("updated"); ❹
})
```

❶ 擷取完成後，將 user 的詳細資訊記錄到主控台。

❷ 記錄生命週期狀態：掛載前

❸ 記錄生命週期狀態：已掛載

❹ 記錄生命週期狀態：元件已更新

檢視瀏覽器的主控台記錄，我們會發現顯示的順序如圖 6-3 所示。

```
created                    UserProfile.vue:37
mounted                    UserProfile.vue:50
User Maya Shavin           UserProfile.vue:44
updated                    UserProfile.vue:53
```

圖 6-3　帶有非同步請求時的執行順序

一旦非同步請求被解析或拒絕，而且有元件資料發生變化，Vue 描繪器（renderer）就會觸發元件的更新過程。當 Vue 將元件掛載到 DOM 時，元件尚未擁有回應資料。因此，在接收伺服器資料之前，我們仍需處理元件的「正在載入」狀態（loading state）。

為此，我們可以在元件的資料中新增另一個 loading 特性，並在請求被解析或拒絕後，停用「正在載入」狀態，如範例 6-3 所示。

範例 6-3　具有「正在載入」狀態和錯誤狀態的 *UserProfile* 元件

```
//...
const loading = ref<boolean>(false); ❶

async function getUser() {
    loading.value = true; ❷

    try {
        const response = await axios.get<User>(
            "https://api.github.com/users/mayashavin"
        )

        user.value = await response.data
    } catch (err) {
        error.value = err as Error
    } finally {
        loading.value = false; ❸
    }
```

```
    }

    getUser();
```

❶ 創建一個反應式的 loading 變數。

❷ 在擷取資料前將 loading 設定為 true。

❸ 在請求被解析或拒絕後，將 loading 設定為 false。

然後在元件的 template 區段新增 v-if="loading" 條件，以顯示「正在載入」訊息，如範例 6-4 所示。

範例 6-4　帶有「正在載入」狀態和錯誤狀態的 *UserProfile* 元件樣板

```
<template>
    <div v-if="loading">Loading...</div>
    <div class="user-profile" v-else-if="user">
        <!--...-->
    </div>
    <div class="error" v-else-if="error">
        {{ error.message }}
    </div>
</template>
```

這段程式碼會在非同步請求進行時描繪「正在載入」訊息，並在請求解析時顯示使用者個人檔案資訊，或是送出錯誤訊息。

你還可以建立自己的可重複使用的包裹器（wrapper）元件，以處理帶有非同步資料請求的元件之不同狀態，例如在元件還在載入時，顯示預留位置的骨架（skeleton placeholder）元件（圖 6-4）或擷取（fetch）元件（接下來將介紹）。

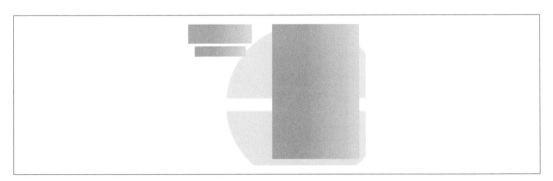

圖 6-4　「正在載入」狀態的骨架元件

建立可重複使用的 Fetch 元件

在 Vue 元件中處理非同步資料請求的狀態是常見的挑戰。這些狀態的 UI 通常遵循相同的模式:「正在載入(loading)」狀態是旋轉圖示(spinner)或「正在載入」的訊息;資料請求被拒絕時是錯誤訊息或更時尚的錯誤元件。因此,我們可以建立通用元件來處理此類情況,稱之為 FetchComponent。

FetchComponent 的 template 區段使用 slot 和 v-if 分成三個主要區域:

#loading 插槽用以顯示「正在載入」的訊息

此插槽描繪的條件是元件處於 isLoading 狀態。

#error 插槽用來顯示錯誤訊息

我們還會傳入 error 物件作為插槽的 props,以便在需要時進行自訂,同時確保 Vue 僅在 error 可用時才描繪此插槽。

#default 插槽用來顯示元件的內容,在接收到 data 之時

我們也將 data 作為 props 傳入給插槽。

我們還使用具名的 slot,允許自訂錯誤並載入元件而非預設訊息:

```
<template>
  <slot name="loading" v-if="isLoading">
    <div class="loadin-message">Loading...</div>
  </slot>
  <slot :data="data" v-if="data"></slot>
  <slot name="error" :error="error" v-if="error">
    <div class="error">
      <p>Error: {{ error.message }}</p>
    </div>
  </slot>
</template>
```

在 script setup 區段,我們需要為元件宣告資料型別 FetchComponentData,以包含 isLoading、error 和泛型 Object 的 data 特性:

```
const data = ref<Object | undefined>();
const error = ref<Error | undefined>();
const loading = ref<boolean>(false);
```

此元件接收兩個 props：url 表示請求 URL，以及 method 表示請求方法（預設值為 GET）：

```
//...

const props = defineProps({
    url: {
        type: String,
        required: true,
    },
    method: {
        type: String,
        default: "GET",
    },
});
//...
```

最後，我們在 Vue 建立元件時發出非同步請求並更新元件的狀態：

```
async function fetchData () {
    try {
        loading.value = true;
        const response = await axios(props.url, {
            method: props.method,
            headers: {
                'Content-Type': 'application/json',
            },
        });
        data.value = response.data;
    } catch (error) {
        error.value = error as Error;
    } finally {
        loading.value = false;
    }
};

fetchData();
```

> 如果事先知道 data 的型別，則應使用它們，而非使用 any 或 Object，以確保 TypeScript 型別檢查的完整涵蓋率。除非別無他法，否則請別使用 any。

現在我們可以改寫範例 6-2，使用新的 FetchComponent 元件，如範例 6-5 所示。

範例 6-5　使用 FetchComponent 的 UserProfile 元件

```
<template>
    <FetchComponent url="https://api.github.com/users/mayashavin"> ❶
        <template #default="defaultProps"> ❷
            <div class="user-profile"> ❸
                <img
                    :src="(defaultProps.data as User).avatar_url"
                    alt="`${defaultProps.data.name} Avatar`"
                    width="200"
                />
                <div>
                    <h1>{{ (defaultProps.data as User).name }}</h1>
                    <p>{{ (defaultProps.data as User).bio }}</p>
                    <p>Twitter: {{(defaultProps.data as User).twitter_username }}</p>
                    <p>Blog: {{ (defaultProps.data as User).blog }}</p>
                </div>
            </div>
        </template>
    </FetchComponent>
</template>
<script lang="ts" setup> ❹
import FetchComponent from "./FetchComponent.vue";
import type { User } from "../types/User.type";
</script>
```

❶ 使用 FetchComponent 元件並傳入 url prop 作為請求的目標 URL（*https://api.github.com/users/mayashavin*）。

❷ 將元件的主要內容包裹在主插槽 #default 的 template 中。我們還將此插槽接收的 props 繫結到 defaultProps 物件。由於 defaultProps.data 的型別是 Object，我們將其強制轉型為 User，以通過 TypeScript 的驗證。

❸ 使用 defaultProps.data 存取從請求中接收到的資料，並將其顯示在 UI 上。

❹ 刪除原本用於擷取的所有相關邏輯程式碼。

在此，我們從 FetchComponent 實作向這個插槽傳入 data，在我們的例子中，它代表我們原本的 user 特性。因此，我們用 defaultProps.data 替換之前實作中出現的 user。輸出結果保持不變。

使用 *Composition API* 實作 *FetchComponent*

你可以在 setup() 函式（或 <script setup> 標記）中使用 useFetch()（請參閱範例 5-20）來改寫 FetchComponent。

現在，你已了解如何建立簡單的 `FetchComponent`，以便在 UI 上擷取資料和處理 Vue 元件的資料請求狀態。你可能想擴充它來處理更複雜的資料請求，如 POST 請求。透過將資料請求和控制邏輯隔離在單一位置，你可以降低複雜性並更迅速地在其他元件中進行重複使用。

將你的應用程式與外部資料庫連接

此時，你可以在 Vue 元件的 UI 上處理外部資料請求和錯誤。然而，每次 Vue 建立元件時都擷取資料可能不是最佳的實務做法，尤其是當元件的資料不太可能頻繁變更時。

完美的例子就是在 Web 應用程式中的頁面之間切換，其中我們只需要在首次載入視圖（view）時擷取一次頁面資料。在這種情況下，我們可以使用瀏覽器的本地儲存區（local storage）作為外部的本地資料庫或使用狀態管理服務（如 Vuex 和 Pinia，更多資訊請參閱第 9 章）來快取資料。

要使用本地儲存區，我們可以使用瀏覽器內建的 `localStorage` API。舉例來說，要將使用者的 GitHub 個人檔案資料儲存到本地儲存區中，我們會這樣寫：

```
localStorage.setItem('user', JSON.stringify(user));
```

注意到瀏覽器的 `localStorage` 會將項目儲存為字串，因此我們得在儲存之前將物件轉換為字串。需要時，我們可以使用這段程式碼：

```
const user = JSON.parse(localStorage.getItem('user'));
```

你可以將前面的程式碼新增到 `UserProfile` 元件（範例 6-2）中，如下所示：

```ts
<script lang="ts">
import axios from 'axios';

//...

async function getUser() {
    try {
        const user = JSON.parse(localStorage.getItem('user'));
        if (user) return user.value = user;

        const response = await axios.get<User>(
            'https://api.github.com/users/mayashavin'
        );

        user.value = response.data;
        localStorage.setItem('user', JSON.stringify(user.value));
```

```
        } catch (error) {
            error.value = error as Error;
        }
    }

    getUser();
</script>
```

只有在首次載入頁面時,它才會觸發非同步呼叫。再次載入頁面時,如果我們已成功儲存資料,則會直接從本地儲存區載入。

在實際應用中使用 *localStorage*

我不建議在實際應用中使用這種做法。它有幾個限制,比如瀏覽器會重置私密或無痕(private/incognito)工作階段的任何本地儲存區資料,或是使用者可以在自己的端點上停用本地儲存區的使用。更好的做法是使用 Vuex 或 Pinia 等狀態管理工具(請參閱第 9 章)。

總結

本章介紹藉助 Axios 程式庫和 Composition API 在 Vue 元件中處理非同步資料的技巧。我們學到如何建立可重複使用的元件,以便在 Vue 應用程式的 UI 上擷取資料並處理資料請求狀態,同時保持程式碼的簡潔和可讀性。我們還探討了如何將應用程式連線到外部資料庫服務(如本地儲存區)。

下一章將介紹 Vue 更進階的描繪(rendering)概念,包括使用函式型元件(functional components)、在 Vue 應用程式中全域地註冊自訂外掛(custom plugins),以及使用動態描繪來有條件地動態組合佈局。

第七章

進階描繪、
動態元件和外掛合成

在前幾章中，你學到了 Vue 的運作原理、如何使用 Options API 和 Composition API 組合元件，以及如何使用 Axios 將外部資源中的資料整合到 Vue 應用程式中。

本章將介紹 Vue 中描繪（rendering）功能更進階的面向。我們將探討如何使用描繪函式和 JSX 計算出函式型元件（functional components），以及如何使用 Vue 的元件標記（component tag）動態且有條件地描繪元素。我們還將學習如何在應用程式中註冊自訂的外掛（custom plugin）。

Render 函式和 JSX

透過 Vue 的編譯器（compiler）API，Vue 可在描繪時處理 Vue 元件所用的全部 HTML 樣板，並編譯到 Virtual DOM 中。當 Vue 元件的資料更新時，Vue 會觸發內部的 render（描繪）函式，將最新值傳送到 Virtual DOM。

使用 `template`（樣板）是建立元件最常見的做法。然而，在特定情況下，如進行效能最佳化、開發伺服器端描繪（server-side rendering）應用程式或動態元件程式庫時，我們需要繞過 HTML 樣板的剖析器（parser）程序。`render()` 可以直接從 Virtual DOM 回傳已描繪的虛擬節點（virtual node），並跳過樣板的編譯程序，是這種情況的解決方案。

使用 Render 函式

在 Vue 2 中，render() 函式特性接收 createElement 回呼參數。它透過使用適當的引數觸發 createElement 來回傳有效的 VNode [1]。我們通常將 createElement 表示為 h 函式 [2]。

範例 7-1 演示如何使用 Vue 2 語法建立元件。

範例 7-1　在 Vue 2 中使用 render 函式

```
const App = {
 render(h) {
  return h(
   'div',
   { id: 'test-id' },
   'This is a render function test with Vue'
  )
 }
}
```

這段程式碼等同於編寫以下樣板程式碼：

```
const App = {
 template: `<div id='test-id'>This is a render function test with Vue</div>`
}
```

在 Vue 3 中，render 的語法發生了重大變化。它不再接受 h 函式作為參數。取而代之，vue 套件對外開放了一個全域函式 h，用於建立 VNode。因此，我們可以將範例 7-1 中的程式碼改寫為範例 7-2 中所示的程式碼。

範例 7-2　在 Vue 3 中使用 render 函式

```
import { createApp, h } from 'vue'

const App = {
 render() {
  return h(
   'div',
   { id: 'test-id' },
   'This is a render function test with Vue'
  )
 }
}
```

1　Virtual node（虛擬節點）。

2　代表 hyperscript，即使用 JavaScript 程式碼建立 HTML。

輸出仍然不變。

使用 *Render* 函式支援多根節點（*Multi-Root Nodes*）

由於 Vue 3 支援元件樣板有多個根節點，因此 render() 可以回傳由
VNode 組成的一個陣列，其中每個都將與其他 VNode 注入到 DOM 的同
一層級。

使用 h 函式來創建 VNode

Vue 設計的 h 函式非常靈活，有三個不同型別的輸入參數，如表 7-1 所示。

表 7-1　h 函式的不同參數

參數	是否必要？	可接受的資料型別	說明
元件	是	字串、物件或函式	它接受作為字串的文字或 HTML 標記元素、元件函式或選項物件。
props	否	物件	這個物件包含所有元件從父元件接收到的 props、屬性以及事件，與我們在 template 中的寫法類似。
內嵌的子節點	否	字串、陣列或物件	這個參數包括 VNode 的串列，或純文字元件的字串，或帶有不同 slot（參閱第 3 章）的物件，作為元件的子節點。

h 函式的語法如下：

```
h(component, { /*props*/ }, children)
```

例如，要建立使用 div 標記作為根元素的元件，它有 id、行內邊框樣式（inline border
style）和一個輸入（input）子元素。我們可以像下面的程式碼一樣呼叫 h：

```
const inputElem = h(
 'input',
 {
  placeholder: 'Enter some text',
  type: 'text',
  id: 'text-input'
})

const comp = h(
 'div',
 {
  id: 'my-test-comp',
```

```
  style: { border: '1px solid blue' }
 },
 inputElem
)
```

在實際的 DOM 中，元件的輸出將會是：

```
<div id="my-test-comp" style="border: 1px solid blue;">
 Text input
 <input placeholder="Enter some text" type="text" id="text-input">
</div>
```

你可以使用以下可運行的完整程式碼，並嘗試對 h 函式進行不同的配置：

```
import { createApp, h } from 'vue'

const inputElem = h(
 'input',
 {
  placeholder: 'Enter some text',
  type: 'text',
  id: 'text-input'
})

const comp = h(
 'div',
 {
  id: 'my-test-comp',
  style: { border: '1px solid blue' }
 },
 inputElem
)

const App = {
 render() {
  return comp
 }
}

const app = createApp(App)

app.mount("#app")
```

在 Render 函式中撰寫 JavaScript XML

JavaScript XML（JSX）是 React 框架引入的 JavaScript 擴充功能，允許開發人員在 JavaScript 中編寫 HTML 程式碼。JSX 格式的 HTML 和 JavaScript 程式碼看起來像這樣：

```
const JSXComp = <div>This is a JSX component</div>
```

前面的程式碼輸出了一個元件，該元件描繪了帶有文字「This is a JSX component」的 div 標記。剩下要做的就是在 render 函式中直接回傳該元件：

```
import { createApp, h } from 'vue'

const JSXComp = <div>This is a JSX component</div>

const App = {
 render() {
  return JSXComp
 }
}

const app = createApp(App)

app.mount("#app")
```

Vue 3.0 內建編寫 JSX 的支援。JSX 的語法與 Vue 樣板不同。要繫結動態資料，我們使用單個大括號 {}，如範例 7-3 所示。

範例 7-3 *使用 JSX 編寫簡單的 Vue 元件*

```
import { createApp, h } from 'vue'

const name = 'JSX'
const JSXComp = <div>This is a {name} component</div>

const App = {
 render() {
  return JSXComp
 }
}

const app = createApp(App)

app.mount("#app")
```

我們用同樣的做法繫結動態資料。無須用 `''` 包裹運算式。下面的範例展示我們如何為 div 的 id 屬性附加一個值：

```
/**... */
const id = 'jsx-comp'
const JSXComp = <div id={id}>This is a {name} component</div>
/**... */
```

不過，與 React 中的 JSX 不同，我們不會在 Vue 中把 class 之類的屬性變換為 className。取而代之，我們保留了這些屬性的原始語法。元素的事件聆聽器（event listeners）也是如此（例如 onclick 而非 React 中的 onClick 等）。

你也可以像使用 Options API 編寫的其他 Vue 元件一樣，將 JSX 元件註冊為 components 的一部分。在編寫動態元件時，它可以很方便地與 render 函式相結合，並在許多情況下提供更好的可讀性。

接下來，我們將討論如何編寫函式型元件。

函式型元件

函式型元件（functional component）是一種無狀態（stateless）的元件，繞過了典型的元件生命週期。與使用 Options API 的標準元件不同，一個函式型元件就是一個函式（function），表示該元件的描繪函式。

由於這是無狀態元件，因此無法存取 this 實體。取而代之，Vue 會將元件的外部 props 和 context 作為函式引數公開。函式型元件必須回傳使用 vue 套件中的全域函式 h() 所建立的虛擬節點實體。因此，其語法如下：

```
import { h } from 'vue'

export function MyFunctionComp(props, context) {
  return h(/* 描繪函式的引數 */)
}
```

context 對外開放元件的情境特性（context properties），包括元件事件發射器的 emits、從父元件傳入給元件的屬性 attrs 以及包含元件內嵌元素的 slots。

舉例來說，函式型元件 myHeading 可以在標題（heading）元素中顯示傳給它的任何文字。我們將標題的層級（level）作為 level prop。若想將文字「Hello World」顯示為標題層級 2（<h2>），我們就會像這樣來使用 myHeading：

```
<my-heading level="2">Hello World</my-heading>
```

而輸出應該是：

```
<h2>Hello World</h2>
```

為此，我們使用 vue 套件中的描繪函式 h，並執行範例 7-4 中所示的程式碼。

範例 7-4　使用 h 函式建立自訂的標題元件

```
import { h } from 'vue';

export function MyHeading(props, context) {
 const heading = `h${props.level}`

 return h(heading, context.$attrs, context.$slots);
}
```

Vue 將跳過函式型元件的樣板描繪（template render）過程，直接將虛擬節點宣告新增
到它的描繪器管線（renderer pipeline）中。這種機制導致函式型元件沒有內嵌插槽或屬
性可用。

為函式型元件定義 Props 和 Emits

你可以按照以下語法明確定義函式型元件可以接受的 props 和 emits：

```
MyFunctionComp.props = ['prop-one', 'prop-two']
MyFunctionComp.emits = ['event-one', 'event-two']
```

在沒有定義的情況下，context.props 將與 context.attrs 具有相同的值，包含傳入給元
件的所有屬性（attributes）。

想以程式化的方式控制元件的描繪方式時，函式型元件就顯得特別強大，尤其是對於那
些需要根據使用者需求為其元件提供低階靈活性的元件程式庫作者來說。

 Vue 3 提供一種使用 <script setup> 編寫元件的額外方式。這只有在以
SFC 格式編寫元件時才有意義，詳見第 66 頁的「setup」。

接下來，我們將探討如何使用外掛（plugins）為 Vue 應用程式新增外部功能。

使用 Vue 外掛全域地新增自訂功能

我們使用外掛來新增第三方程式庫或額外的自訂功能，以便在 Vue 應用程式中全域性使用。Vue 外掛（plugin）是物件，它只對外公開單一方法 install()，其中包含邏輯程式碼，並負責安裝外掛本身。下面是一個範例外掛：

```
/* plugins/samplePlugin.ts */
import type { App } from 'vue'

export default {
 install(app: App<Element>, options: Object) {
  // 安裝邏輯
 }
}
```

在這段程式碼中，我們在位於 plugins 目錄底下的 samplePlugin 檔案中定義了範例外掛程式碼。install() 接收兩個引數：一個 app 實體和作為外掛組態的 options。

舉例來說，我們編寫一個 truncate 外掛，它會加入新的全域函式特性 $truncate。如果字串長度超過 options.limit 個字元，$truncate 將回傳被截斷（truncated）的字串，如範例 7-5 所示。

範例 7-5　編寫 truncate 外掛

```
/* plugins/truncate.ts */
import type { App } from 'vue';

export default {
  install(app: App<Element>, options: { limit: number }) {
    const truncate = (str: string) => {
      if (str.length > options.limit) {
        return `${str.slice(0, options.limit)}...`;
      }

      return str;
    }
    app.config.globalProperties.$truncate = truncate;
  }
}
```

要在應用程式中使用此外掛，我們需要在 main.ts 中對建立的 app 實體呼叫 app.use() 方法：

```
/* main.ts */
import { createApp } from 'vue'
```

```
import truncate from './plugins/truncate'

const App = {}

//1. 創建 app 實體
const app = createApp(App);

//2. 註冊外掛
app.use(truncate, { limit: 10 })

app.mount('#app')
```

Vue 引擎將安裝這個 truncate 外掛，並以 10 個字元的 limit 來初始化它。app 實體中的
每個 Vue 元件都可使用該外掛。你可以在 script 區段使用 this.$truncate 呼叫該外掛，
也可以在 template 區段中直接使用 $truncate 呼叫該外掛：

```
import { createApp, defineComponent } from 'vue'
import truncate from './plugins/truncate'

const App = defineComponent({
 template: `
 <h1>{{ $truncate('My truncated long text') }}</h1>
 <h2>{{ truncatedText }}</h2>
 `,
 data() {
  return {
   truncatedText: this.$truncate('My 2nd truncated text')
  }
 }
});

const app = createApp(App);
app.use(truncate, { limit: 10 })
app.mount('#app')
```

輸出結果應與圖 7-1 一致。

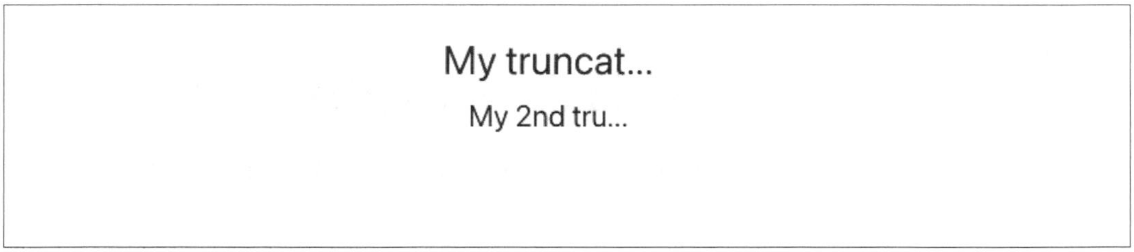

My truncat...

My 2nd tru...

圖 7-1　元件的輸出文字被截斷了

不過，$truncate 只有在 <template> 區段中、或在 script 區段中透過 Options API 作為 this.$truncate 時才可取用。在 <script setup> 或 setup() 中存取 $truncate 是不可能的。為此，我們需要使用 provide/inject 模式（請參閱第 126 頁的「使用 provide/inject 模式在元件間通訊」），首先在外掛的 install 函式（位於 plugins/truncate.ts 檔案中）新增以下程式碼：

```
/* plugins/truncate.ts */
export default {
  install(app: App<Element>, options: { limit: number }) {
    //...
    app.provide("plugins", { truncate });
  }
}
```

Vue 會將 truncate 作為 plugins 物件的一部分傳入給應用程式的所有元件。如此一來，我們就可以使用 inject 接收所需的外掛 truncate，然後繼續計算 truncatedText：

```
<script setup lang="ts">
import { inject } from 'vue';

const { truncate } = inject('plugins');
const truncatedText = truncate('My 2nd truncated text');
</script>
```

外掛非常有助於組織全域方法（global methods），使它們可以在其他應用程式中重複使用。外掛還有助於在安裝外部程式庫（如用於擷取外部資料的 *axios*、用於本地化的 *i18n* 等）時撰寫你自己的邏輯。

> **在應用程式中註冊 *Pinia* 和 *Vue Router***
>
> 在應用程式搭建鷹架的過程中，Vite 會將 Pinia 和 Vue Router 新增為應用程式外掛，使用的做法與原本在 main.ts 中生成的程式碼相同。

下一節將介紹如何使用 Vue 的 <component> 標記（tag）在執行時期描繪動態元件。

使用 <component> 標記進行動態描繪

<component> 標記作為預留位置（placeholder），可根據傳入給其 is prop 的元件參考名稱，按照以下語法描繪 Vue 元件：

```
<component is="targetComponentName" />
```

假設你的目標元件（target component）可從 Vue 實體中存取（註冊為 app 的元件或 <component> 內嵌時的父元件）；Vue 引擎將知道如何根據名稱字串查找目標元件，並用目標元件替換該標記。目標元件還將繼承傳入給 <component> 的所有額外的 props。

假設我們有 HelloWorld 元件，它可以描繪文字「Hello World」：

```
<template>
  <div>Hello World</div>
</template>
```

我們將此元件註冊到 App，然後使用 <component> 標記動態地描繪它，如下所示：

```
<template>
  <component is="HelloWorld" />
</template>
<script lang="ts">
import HelloWorld from "@/components/HelloWorld";
import { defineComponent } from "vue";

export defineComponent({
 components: { HelloWorld },
});
</script>
```

你還可以使用 v-bind 指示詞（以：簡短語法表示）將元件繫結為對 is prop 的參考。透過改寫程式碼，我們可以將前面的兩個程式碼區塊縮短為單一的 App 元件，如下所示：

```
<template>
  <component :is="myComp" />
</template>
<script lang="ts">
import HelloWorld from "@/components/HelloWorld";
import { defineComponent } from "vue";

export defineComponent({
 data() {
  return {
   myComp: {
    template: '<div>Hello World</div>'
   }
  }
 }
});
</script>
```

請注意，這裡的元件參考 myComp 遵循的是 Options API 語法。你也可以改為傳入一個匯入的 SFC 元件。兩種情況的輸出結果應該都是一樣的。

<component> 標記的功能強大。舉例來說，如果你有一個圖庫（gallery）元件，你可以選擇將每個圖庫項目描繪為一個 Card 元件或 Row 元件，並使用 <component> 有條件地切換各部分。

不過，切換元件意味著 Vue 會完全卸載當前元素，並清除元件目前所有的資料狀態。切換回該元件等同於創建具有新資料狀態的新實體。為了防止這種行為，並在將來切換時保持被動元素（passive element）的狀態，我們使用 <keep-alive> 元件。

使用 <keep-alive> 保持元件實體有效

<keep-alive> 是內建的 Vue 元件，用於包裹動態元素並在非活動模式（inactive mode）下保留元件的狀態。

假設我們有兩個元件：StepOne 和 StepTwo。在 StepOne 元件中，有一個字串的 input 欄位，該欄位使用 v-model 與本地資料特性 name 進行了雙向繫結：

```
<!--StepOne.vue-->
<template>
  <div>
    <label for="name">Step one's input</label>
    <input v-model="name" id="name" />
  </div>
</template>
<script setup lang="ts">
import { ref } from 'vue';

const name = ref<string>("");
</script>
```

而 StepTwo 元件描繪的是靜態字串：

```
<!--StepTwo.vue-->
<template>
  <h2>{{ name }}</h2>
</template>
<script setup lang="ts">
const name = "Step 2";
</script>
```

在主 App 樣板中，我們會使用 component 標記來描繪本地資料特性 activeComp 作為元件參考。activeComp 的初始值是 StepOne，我們有一個按鈕可以從 StepOne 移動到 StepTwo，反之亦然：

```
<template>
  <div>
    <keep-alive>
      <component :is="activeComp" />
    </keep-alive>
    <div>
      <button @click="activeComp = 'StepOne'" v-if="activeComp === 'StepTwo'">
      Go to Step Two
      </button>
      <button @click="activeComp = 'StepTwo'" v-else>Back to Step One</button>
    </div>
    </div>
</template>
<script lang="ts">
import { defineComponent } from "vue";
import StepOne from "./components/StepOne.vue";
import StepTwo from "./components/StepTwo.vue";

export default defineComponent({
  components: { StepTwo, StepOne },
  data() {
    return {
      activeComp: "StepOne",
    };
  },
});
</script>
```

每當你在 StepOne 和 StepTwo 之間切換時，Vue 都會保留從輸入欄位接收到的 name 特性的任何值。當切換回 StepOne 時，就可以繼續使用之前的值，而非從初始值開始。

你還可以使用 max prop 定義要快取的 keep-alive 最大實體數：

```
<keep-alive max="2">
  <component :is="activeComp" />
 </keep-alive>
```

這段程式碼透過設定 max="2"，將 keep-alive 應保留的實體最大數量定義為兩個。一旦快取的實體數量超過限制，Vue 就會從快取串列中刪除最久沒用到（least recently used，LRU）的實體，從而允許快取新實體。

總結

本章探討了如何使用 JSX 和函式型元件控制元件的描繪、全域地註冊 Vue 的自訂外掛，以及使用 <component> 標記動態且有條件地描繪元件。

下一章將介紹 Vue 的官方路由管理程式庫 Vue Router，並討論如何使用 Vue Router 在應用程式中處理不同路徑之間的導覽。

第八章

路由

在前面的章節中，我們已經學習了 Vue 元件的基礎知識和組成 Vue 元件的不同方法。接著，我們使用 Composition API 將可重用的元件邏輯打造為獨立的可組合掛接器（composable）。我們還學到了控制描繪和創建自訂外掛的進階概念。

本章將探討建置 Vue 應用程式的另一個面向，也就是路由（routing），透過 Vue Router（Vue 應用程式的官方路由管理程式庫）及其核心 API 向你介紹路由系統（routing system）的概念。然後，我們將學習如何設定應用程式的路由，如何使用路由器防護（router guards）在應用程式的路徑之間傳遞和處理資料，以及如何為應用程式建置動態（dynamic）和內嵌（nested）的路徑。

什麼是路由？

使用者在瀏覽 Web 時，會在瀏覽器網址列中輸入 Uniform Resource Locator（URL）。URL 是 Web 資源的位址。它包含許多部分，我們可以將其分為以下幾個重要部分（圖 8-1）：

位置（*Location*）

　　包括協定（protocol）、應用程式的網域（domain）名稱（或 Web 伺服器的 IP 位址）、以及用來存取所請求的資源的通訊埠（port）。

路徑（*Path*）

　　所請求資源的路徑。在 Web 開發中，我們用它來根據預先定義的路徑模式（path pattern）判斷要在瀏覽器端描繪的頁面元件。

查詢參數（*Query parameters*）

用來向伺服器傳遞額外資訊的鍵值與值對組（key-value pairs），以 & 符號分隔。我們主要使用查詢參數在頁面之間傳遞資料。

錨點（*Anchor*）

符號後的任何文字。我們使用錨點來導覽至同一頁面上的特定元素，通常是帶有匹配 id 值的元素或媒體元素的特定時間點。

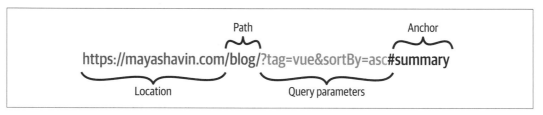

圖 8-1　URL 結構

接收到使用者的 URL 後，瀏覽器會根據接收到的 URL 與伺服器進行通訊，伺服器會回傳所請求的資源（如果有的話）。資源可以是靜態檔案，如圖像或影片，也可以是動態頁面，如網頁或 Web 應用程式。

在單頁面應用程式（single-page applications，SPA）中，我們改為在瀏覽器端執行路由機制，因此無須重新整理瀏覽器即可實現流暢的頁面巡覽。由於 URL 是頁面的位址，因此我們使用路由系統將其路徑模式連接到應用程式中代表該頁面的特定元件。

Vue 等前端框架提供為 SPA 建置元件的佈局，但不提供路由服務。要建立完整的使用者巡覽體驗，我們必須自行設計和開發應用程式的路由，包括解決 SPA 的歷程記錄（history keeping）和書籤（bookmarking）等問題。

又或者，我們可以使用 Vue Router 作為路由的主要引擎。

使用 Vue Router

作為 Vue 應用程式的官方路由服務，Vue Router 為處理 Vue 應用程式中的頁面導覽提供一種控制機制。我們使用 Vue Router 設置應用程式的路由系統，包括配置元件和頁面之間的映射，從而在客戶端為 SPA 流程提供良好的使用者體驗。

Vue Router 的官方說明文件可在 Vue Router 網站（*https://oreil.ly/ AwUZo*）上取得，其中包含有關安裝、API 和主要用例的資訊，以供參考。

由於 Vue Router 是 Vue 框架中的獨立套件，我們需要執行額外的步驟才能將其安裝並在應用程式中使用，這就是接下來要討論的。

安裝 Vue Router

使用 Vite 為新的 Vue 專案安裝 Vue Router 最直接的方法是在設定過程中詢問是否安裝 Vue Router 時選擇 Yes（參閱第 9 頁的「創建一個新的 Vue 應用程式」）。然後，Vite 將負責安裝 Vue Router 套件，並用相關檔案和資料夾為專案搭建鷹架（圖 8-2），其結構如下：

- router 資料夾中有一個檔案 index.ts，其中包含 app 的路徑組態。

- views 資料夾中有兩個範例 Vue 元件：AboutView 和 HomeView。每個元件都是相關 URL 路徑的視圖（view），我們稍後將對此進行討論。

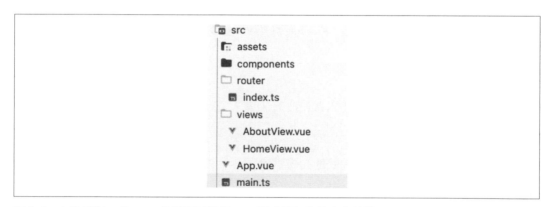

圖 8-2　在啟用 Vue Router 的情況下使用 Vite 搭建鷹架後的專案結構

Vite 還會在 main.ts 檔案中注入一些程式碼，以初始化 Vue Router。因此，所建立的應用程式將啟用主路由器（primary router），並使其可以隨時使用。

不過，為了充分理解 Vue Router 如何運作，我們將跳過鷹架選項，使用以下命令手動將 Vue Router 新增到現有專案中：

```
yarn add -D vue-router@4
```

在本書中，我們使用的是 Vue Router 4.1.6，也就是編寫本書時的最新版本。你可以在 Vue Router NPM 頁面（*https://oreil.ly/h6Q0V*）找到最新版本，替換 @ 後面的版號。

對於 Vue 3 專案，應使用 version 4 或以上版本。

為了演示 Vue Router 的功能，我們將建置代表披薩訂購系統（pizza ordering system）的一個 SPA。此應用程式的標頭將包含下列頁面連結：Home、About、Pizzas、Contact 和 Login（見圖 8-3）。

Home	About	Pizzas	Contact	Login

[Main View of Pizza House]

圖 8-3　帶有導覽標頭的 Pizza House 應用程式

每個應用程式連結都指向由 Vue 元件表示的頁面。我們為每個應用程式頁面建立預留位置元件（placeholder component），並將其放在 views 資料夾底下。我們的 Pizza House 源碼庫現在包含以下視圖元件：

HomeView

　　我們應用程式的主頁含有歡迎訊息和披薩清單。

AboutView

　　關於頁面，其中包含對應用程式的簡短描述。

PizzasView

　　顯示供訂購的披薩清單。

ContactView

　　顯示聯絡表單。

LoginView

　　顯示使用者登入表單。

我們需要將這些元件映射到相應的頁面連結，如表 8-1 所示。

表 8-1　Pizza House 中的可用路由及其相應元件和頁面 URL

頁面連結	元件	路由的路徑模式
https://localhost:4000	HomeView	/
https://localhost:4000/about	AboutView	/about
https://localhost:4000/pizzas	PizzasView	/pizzas
https://localhost:4000/contact	Contact	/contact
https://localhost:4000/login	LoginView	/login

表 8-1 還顯示了每個頁面連結對應的路徑模式。我們將使用這些模式定義應用程式中的路由。

 localhost 的通訊埠 4000 是 Vite 開發伺服器的本地埠號。在本地執行專案時，埠號會根據 Vite 組態和當時可用的通訊埠發生變化。

定義路由

路由（route）是回應頁面 URL 的路徑模式（path pattern）。我們在 Vue Router 中使用介面 RouteRecordRaw 根據一個組態物件（configuration object）來定義路由。這個組態物件包含表 8-2 所述的以下特性。

表 8-2　路由組態物件的特性

特性	型別	說明	是否必要？
path	string	要與瀏覽器的位置（瀏覽器 URL）比對的模式	是
component	Component	瀏覽器的位置與路由的路徑模式相匹配時要描繪的元件	否
name	string	路由的名稱。我們可以用它來避免在程式碼中寫定的 URL	否
components	{ [name: string]: Component }	根據匹配的路由名稱要描繪的元件集合	否
redirect	string 或 Location 或 Function	重導路徑（redirect path）	否
props	boolean 或 Object 或 Function	要傳入給元件的 props	否
alias	string 或 Array<string>	別名路徑（alias path）	否
children	Array<RouteConfig>	子路由（child routes）	否

特性	型別	說明	是否必要？
beforeEnter	Function	導覽防護回呼（navigation guard callback）	否
meta	any	路由的詮釋資料（metadata）。我們可以用它來傳遞 URL 上看不到的其他資訊	否
sensitive	Boolean	路由是否區分大小寫。預設情況下，所有路由都不區分大小寫；例如 /pizzas 和 /Pizzas 是相同的路由	否
strict	Boolean	是否允許使用尾隨斜線（如 /about/ 或 /about）	否

我們通常不會使用所有可用欄位來定義路由。以預設應用程式路徑（/）為例，只需定義下列的 home 路由物件，將 path 特性設為 /，並將 component 特性設為 HomeView 即可：

```
/**router/index.ts */
// 匯入必要的元件模組

const homeRoute = {
  path: '/',
  name: 'home',
  component: HomeView
}
```

除非啟用了 strict 模式，否則前面程式碼中的 Vue Router 會將預設入口 URL（如 *https://localhost:4000*）映射到 /。如果斜線 / 後面沒有指示符，Vue Router 會把 HomeView 元件描繪為預設視圖。以下兩種情況都適用這種行為：使用者訪問 *https://localhost:4000* 或 *https://localhost:4000/*。

現在，我們可以在 router 資料夾底下的 index.ts 檔案中將 app 的 routes 設定為 RouteRecordRaw 組態物件的一個陣列，如下列程式碼所示：

```
/**router/index.ts */
import { type RouteRecordRaw } from "vue-router";
// 匯入必要的元件模組

const routes:RouteRecordRaw[]  = [
  {
    path: '/',
    name: 'home',
    component: HomeView
  },
  {
    path: '/about',
```

```
    name: 'about',
    component: AboutView
  },
  {
    path: '/pizzas',
    name: 'pizzas',
    component: PizzasView
  },
  {
    path: '/contact',
    name: 'contact',
    component: ContactView
  },
  {
    path: '/login',
    name: 'login',
    component: LoginView
  }
]
```

使用具名路由

本章使用帶有 name 特性的具名路由（named route）。我建議在你的應用
程式中使用這種做法，使程式碼更具可讀性和可維護性。

這很簡單。我們已經為 Pizza House 定義了必要的路由。但要讓路由系統正常運作，我
們還需要做更多事情。我們必須根據給定的路由建立路由器實體（router instance），並
在初始化時將其插入 Vue 應用程式。接下來我們就來做這件事。

創建路由器實體

我們可以使用 vue-router 套件中的 createRouter 方法建立路由器實體。此方法接受型別
為 RouterOptions 的一個組態物件作為引數，其主要特性如下：

history

歷程記錄模式物件（history mode object）可以是基於雜湊值（hash-based）的，
也可以是基於 Web 的（HTML 歷程記錄模式）。基於 Web 的方法利用 HTML5 的
history API 使 URL 具有可讀性，讓我們可以在不重新載入頁面的情況下進行巡覽。

routes

路由器實體中要使用的路由陣列（array of routes）。

linkActiveClass

作用中連結（active link）的類別名稱。預設為 router-link-active。

linkExactActiveClass

作用中連結（active link）的類別名稱。預設為 router-link-exact-active。

 關於 RouterOptions 介面的其他較不常用的特性，請參閱 RouterOptions 的
說明文件（*https://oreil.ly/pcSqw*）。

我們使用 vue-route 套件中的 createWebHistory 方法來建立基於 Web 的 history 物件。
此方法的選擇性引數是代表基礎 URL 的一個字串：

```
/**router/index.ts */
import {
  createRouter,
  createWebHistory,
  type RouteRecordRaw
} from 'vue-router';

const routes: RouteRecordRaw[] = [/**... */]

export const router = createRouter({
  history: createWebHistory("https://your-domain-name"),
  routes
})
```

然而，將基礎 URL 作為靜態字串傳入並非良好的實務做法。我們希望讓基礎 URL 是可
設定的且保持獨立的，以適應開發和生產等不同環境。為此，Vite 對外開放了環境物件
import.meta.env，其中包含 BASE_URL 特性。你可以在專用的環境檔案（通常以 .env 的
前綴標示）中設定 BASE_URL 的值，也可以在執行 Vite 伺服器時透過命令列設定。然後，
Vite 就會擷取 BASE_URL 的相關值，並將其注入到 import.meta.env 物件中，如此我們就
能在程式碼中使用它了，如下所示：

```
/**router/index.ts */
import {
  createRouter,
  createWebHistory,
  type RouteRecordRaw
} from 'vue-router';

const routes: RouteRecordRaw[] = [/**... */]
```

```
export const router = createRouter({
  history: createWebHistory(import.meta.env.BASE_URL),
  routes
})
```

 使用環境檔案中的 *BASE_URL*

在開發過程中，無須在 .env 檔案中設定 BASE_URL 值。Vite 會自動將其映射到本地伺服器 URL。

大多數現代託管平台（hosting platforms，如 Netlify）都會在部署（deployment）過程中為你設定 BASE_URL 值，通常是應用程式的網域名稱（domain name）。

我們根據給定的 routes 和所需的 history 模式建立了路由器實體。下一步是將此實體插入 Vue 應用程式。

將路由器實體插入 Vue 應用程式

在初始化應用程式實體 app 的 main.ts 檔案中，我們將匯入所創建的 router 實體，並將其作為引數傳入給 app.use() 方法：

```
/**main.ts */
import { createApp } from 'vue'
import App from './App.vue'
import { router } from './router'

const app = createApp(App)

app.use(router)

app.mount('#app')
```

我們的應用程式現在有了用來在頁面間巡覽的路由系統。但若你現在執行這個應用程式，就會發現巡覽到 /about 路徑時，AboutView 元件仍未描繪。我們必須修改 App.vue 元件，以便顯示在組態中與路由路徑繫結的合適元件。接下來我們就來做這件事。

使用 RouterView 元件描繪當前頁面

要為特定 URL 路徑動態生成所需的視圖（view），Vue Router 提供 RouterView（或 router-view）作為預留位置（placeholder）元件。在執行過程中，Vue Router 將根據提

供的組態，用與當前 URL 模式匹配的元素替換它。我們可以在 App.vue 元件中使用該元件來描繪當前頁面：

```
/**App.vue */
<script setup lang="ts">
import { RouterView } from 'vue-router'
</script>
<template>
  <RouterView />
</template>
```

執行應用程式時，預設主頁現在會是 HomeView（圖 8-4）。使用瀏覽器的位置列（location bar）巡覽到 /about 時，你會看到 AboutView 元件已經描繪了（圖 8-5）。

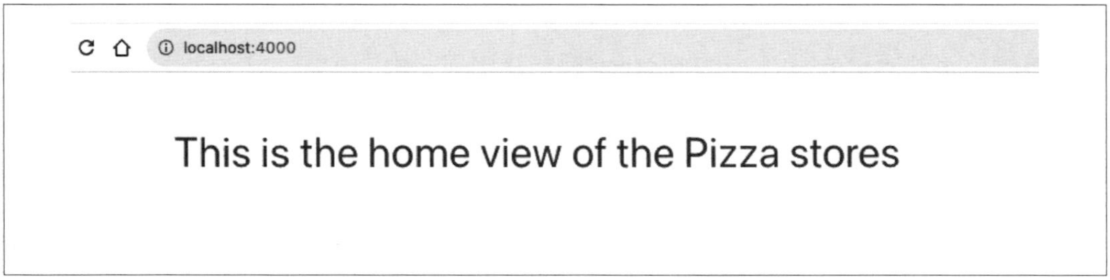

圖 8-4　應用程式顯示 "/" 路徑的 HomeView 元件

圖 8-5　應用程式顯示 "/about" 路徑的 AboutView 元件

由於 RouterView 是 Vue 元件，因此我們可以將 props、屬性（attributes）和事件聆聽者（event listeners）傳入給它。然後，RouterView 會將它們傳入給所描繪的視圖以進行處理。例如，我們可以使用 RouterView 新增一個類別：

```
/**App.vue */
<template>
  <RouterView class="view" />
</template>
```

所描繪的元件，例如 AboutView，將接收那個 class 作為主容器元素（見圖 8-6），我們可以用它來進行相應的 CSS 樣式設定。

```
▼<div id="app" data-v-app> grid
  <h1 data-v-7a7a37b1 class="view">About this Pizza store</h1>
</div>
```

圖 8-6　AboutView 從 RouterView 元件接收 class 屬性

至此，我們已經見過如何為應用程式設定路由並使用 RouterView 元件描繪當前頁面。然而，透過在瀏覽器網址列（address bar）上手動設定 URL 路徑來進行巡覽，對使用者來說似乎不太方便。為了增強應用程式的使用者體驗，我們可以使用 a 元素和完整路徑來編寫包含導覽連結的標頭（header）。或者，我們也可以使用內建的 RouterLink 元件來建立指向我們路由的連結（links），這一點我們將在下文中討論。

使用 RouterLink 元件建立導覽列

Vue Router 提供 RouterLink（或 router-link）元件，用於從一組給定的 props（如 to）為特定路由路徑生成互動式的可巡覽元素（navigable element）。路由路徑（route path）可以是字串，其值與路由組態中的 path 相同，如以下範例中巡覽至關於頁面（about page）的連結：

```
<router-link to="/about">About</router-link>
```

或者，我們也可以傳入代表路由位置物件（location object）的一個物件，包括 name 和路由參數的 params：

```
<router-link :to="{ name: 'about' }">About</router-link>
```

預設情況下，此元件會描繪帶有 href 和作用中連結類別（如 router-link-active 和 router-link-exact-active）的錨點元素（anchor element，a）。我們可以使用 Boolean 的 custom prop 和 v-slot 將預設元素更改為任何其他元素，通常是 button 之類的互動式元素，如以下範例所示：

```
<router-link custom to="/about" v-slot="{ navigate }" >
  <button @click="navigate">About</button>
</router-link>
```

這段程式碼將描繪出一個 button 元素，而不是預設的 a 元素，並與 navigate 函式繫結，以便在點擊（clicking）時巡覽給定的路由。

使用 custom *Prop*

若有使用 custom prop，則必須將 navigate 函式繫結為點擊處理器（click handler）或繫結 href 連結到自訂元素。否則，將無法進行巡覽。

此外，在動作時，不會將 router-link-active 或 router-link-exact-active 等類別名稱新增到自訂元素。

我們使用 RouterLink 建立自己的導覽列 NavBar，如範例 8-1 所示。

範例 *8-1　NavBar* 元件

```
/**NavBar.vue */

<template>
  <nav>
    <router-link :to="{ name: 'home' }">Home</router-link>
    <router-link :to="{ name: 'about' }">About</router-link>
    <router-link :to="{ name: 'pizzas' }">Pizzas</router-link>
    <router-link :to="{ name: 'contact' }">Contact</router-link>
    <router-link :to="{ name: 'login' }">Login</router-link>
  </nav>
</template>
```

我們還為導覽列（navigation bar）和作用中的連結（active link）添加了一些 CSS 樣式：

```
/**NavBar.vue */

<style scoped>
nav {
  display: flex;
  gap: 30px;
  justify-content: center;
}

.router-link-active, .router-link-exact-active {
  text-decoration: underline;
}
</style>
```

使用 *activeClass* 和 *exactActiveClass* 這兩個 *Props*

你可以使用 RouterLink 的 activeClass 和 exactActiveClass props 自訂作用中連結的類別名稱，而不是使用預設的類別名稱。

將 NavBar 新增到 App 元件後，我們將在頁面頂端看到導覽列（圖 8-7）。

Home　　About　　Pizzas　　Contact　　Login

This is the home view of the Pizza stores

圖 8-7　應用程式的導覽列

現在，我們的使用者可以使用導覽列在頁面之間巡覽。不過，我們仍然需要處理頁面之間的資料流。在接下來的章節中，我們將了解如何使用路由參數在路由之間傳遞資料。

在路由之間傳遞資料

要在路由之間傳遞資料，我們可以使用傳入給 to 的路由器物件中的 query 欄位：

```
<router-link :to="{ name: 'pizzas', query: { id: 1 } }">Pizza 1</router-link>
```

query 欄位是一個物件，其中包含我們要傳入給路由的查詢參數（query parameters）。Vue Router 會將其轉譯為包含查詢參數的完整 href 路徑，以 ? 語法開頭：

```
<a href="/pizzas?id=1">Pizza 1</a>
```

然後，我們可以使用 useRoute() 函式存取路由元件 PizzasView 中的查詢參數：

```
<template>
  <div>
    <h1>Pizzas</h1>
    <p v-if="pizzaId">Pizza ID: {{ pizzaId }}</p>
  </div>
</template>
<script lang="ts" setup>
import { useRoute } from "vue-router";

const route = useRoute();
const pizzaId = route.query?.id;
</script>
```

這段程式碼將描繪出以下頁面，其中瀏覽器的 URL 為 *http://localhost:4000/pizzas?id=1*（圖 8-8）。

圖 8-8 帶有查詢參數的 Pizzas 頁面

你也可以在瀏覽器網址列中傳入查詢參數,路由器實體會相應地將其與 `route.query` 物件解耦。這種機制在許多情況下都很方便。以我們的 `PizzasView` 頁面為例。如範例 8-2 所示,該頁面使用 `PizzaCard` 元件顯示取自 `usePizzas` 掛接器(hook)的披薩清單。

範例 8-2 *PizzasView 元件*

```html
<template>
  <div class="pizzas-view--container">
    <h1>Pizzas</h1>
    <ul>
      <li v-for="pizza in searchResults" :key="pizza.id">
        <PizzaCard :pizza="pizza" />
      </li>
    </ul>
  </div>
</template>
<script lang="ts" setup>
import PizzaCard from "@/components/PizzaCard.vue";
import { usePizzas } from "@/composables/usePizzas";

const { pizzas } = usePizzas();
</script>
```

現在,我們想新增搜尋功能(search feature),使用者可以使用一個查詢參數 search 根據披薩的名稱搜尋披薩,並獲得過濾後的披薩清單。如範例 8-3 所示,我們可以加上一個 useSearch 掛接器,該掛接器接收 `route.query.search` 的值作為初始值,並回傳過濾後的披薩清單以及反應式的 search 值。

範例 8-3 *實作 useSearch 掛接器*

```ts
import { computed, ref, type Ref } from "vue";

type UseSearchProps = {
```

```ts
    items: Ref<any[]>;
    filter?: string;
    defaultSearch?: string;
  };

  export const useSearch = ({
    items,
    filter = "title",
    defaultSearch = "",
  }: UseSearchProps) => {
    const search = ref(defaultSearch);
    const searchResults = computed(() => {
      const searchTerm = search.value.toLowerCase();

      if (searchTerm === "") {
        return items.value;
      }

      return items.value.filter((item) => {
        const itemValue = item[filter]?.toLowerCase()
          return itemValue.includes(searchTerm);
        });
    });

    return { search, searchResults };
  };
```

然後，我們在 PizzasView 元件中使用 useSearch 掛接器，並將迭代對象改為 searchResults，而不是 pizzas：

```html
  <template>
    <!--... 其他程式碼 -->
      <li v-for="pizza in searchResults" :key="pizza.id">
        <PizzaCard :pizza="pizza" />
      </li>
    <!--... 其他程式碼 -->
  </template>
  <script lang="ts" setup>
  /**... 其他的匯入 */
  import { useRoute } from "vue-router";
  import { useSearch } from "@/composables/useSearch";
  import type { Pizza } from "@/types/Pizza";

  /**... 其他程式碼 */
  const route = useRoute();

  type PizzaSearch = {
    search: Ref<string>;
```

```
  searchResults: Ref<Pizza[]>;
};

const { search, searchResults }: PizzaSearch = useSearch({
  items: pizzas,
  defaultSearch: route.query?.search as string,
});
</script>
```

現在，當你前往 /pizzas?search=hawaii 時，清單將只顯示名稱為 Hawaii 的披薩（圖 8-9）。

圖 8-9　使用查詢參數中搜尋詞的 Pizza 頁面

允許使用者在頁面上進行搜尋，然後將更新後的搜尋詞與查詢參數同步如何？為此，我們需要進行以下變更：

- 在 template 中新增一個輸入欄位，並將其與 search 變數繫結：

  ```
  <template>
    <!--...其他程式碼 -->
    <input v-model="search" placeholder="Search for a pizza" />
    <!--...其他程式碼 -->
  </template>
  ```

- 使用 useRouter() 方法取得 router 實體：

```
/**... 其他的匯入 */
import { useRoute, useRouter } from "vue-router";

/**... 其他程式碼 */
const router = useRouter();
```

- 使用 watch 函式觀察 search 值的變化，並使用 router.replace 更新查詢參數：

```
/**... 其他匯入 */
import { watch } from 'vue';

/**... 其他程式碼 */
watch(search, (value, prevValue) => {
  if (value === prevValue) return;
  router.replace({ query: { search: value } });
});
```

在搜尋欄位中輸入時，路由器實體會用新的查詢值更新 URL。

 如果使用 Vue 2.x 或更低版本或 Options API（不含 setup()），則可以分別使用 this.$router 和 this.$route 存取 router 和 route 實體。

至此，我們已經學會了如何使用 route 實體取回查詢參數。在每個需要存取查詢參數的元件中都使用 route 實體可能會很繁瑣。取而代之，我們可以使用 props 來解耦查詢參數，也就是我們接下來要學習的。

使用 Props 來解耦路由參數

在路由組態物件（route configuration object）中，我們可以定義要傳入給視圖元件（view component）的靜態 props 作為帶有靜態值的一個物件、或定義會回傳 props 的一個函式。例如，在下面的程式碼中，我們更改了 pizzas 路由組態，將 searchTerm prop（其值來自 route.query.search）傳入給 PizzaView 元件：

```
import {
  type RouteLocationNormalizedLoaded,
  type RouteRecordRaw,
} from "vue-router";

const routes: RouteRecordRaw = [
  /** 其他路由 */
```

```
    {
      path: "/pizzas",
      name: "pizzas",
      component: PizzasView,
      props: (route: RouteLocationNormalizedLoaded) => ({
        searchTerm: route.query?.search || "",
      }),
    },
  ];
```

在 PizzasView 元件中，我們可以移除所用的 useRoute，並使用 props 物件存取 searchTerm prop：

```
  const props = defineProps({
    searchTerm: {
      type: String,
      required: false,
      default: "",
    },
  });

  const { search, searchResults }: PizzaSearch = useSearch({
    items: pizzas,
    defaultSearch: props.searchTerm,
  });
```

應用程式的行為將保持不變。

你也可以使用 props: true 將 route.params 物件作為 prop 傳入給視圖元件，而無須關心任何特定的 props。當路由發生變化時，我們可以將這種方法與導覽防護（navigation guards）結合起來，對路由參數執行副作用。下一節將詳細介紹導覽防護。

了解導覽防護

導覽防護（navigation guards）是幫助我們更好地控制巡覽過程的函式。當路由發生變化或在巡覽發生之前，我們也可以使用它們來執行副作用（side effects）。導覽防護和掛接器有三種類型：全域型（global）、元件層級（component-level）和路由層級（route-level）。

全域導覽防護

對於每個路由器實體（router instance），Vue Router 都會提供一組全域層級導覽防護，包括：

router.beforeEach

在每次巡覽之前呼叫

router.beforeResolve

在 Vue Router 解析了（resolved）路由中的所有非同步元件和所有元件內防護（in-component guards，如果有的話）之後，但在確認巡覽之前呼叫

router.afterEach

在確認巡覽之後並在下次更新 DOM 和巡覽之前呼叫

全域型防護有助於在巡覽到特定路由之前執行驗證。舉例來說，在巡覽到 /pizzas 路由之前，我們可以使用 router.beforeEach 檢查使用者是否通過身分認證。如果沒有，我們可以將使用者重導到 /login 頁面：

```
const user = {
  isAuthenticated: false,
};

router.beforeEach((to, from, next) => {
  if (to.name === "pizzas" && !user.isAuthenticated) {
    next({ name: "login" });
  } else {
    next();
  }
});
```

在這段程式碼中，to 是要巡覽至的目標路由物件，from 是當前的路由物件，而 next 則是呼叫來解析掛接器或防護（hook/guard）的函式。我們需要在結尾處觸發 next()，要麼不帶任何引數以繼續巡覽至原始目的地，要麼使用新的路由物件作為引數將使用者重導到不同的路由。否則，Vue Router 將阻斷巡覽過程。

或者，我們也可以使用 router.beforeResolve 進行相同的驗證。router. beforeEach 和 router.beforeResolve 之間的關鍵差異在於，Vue Router 會在解析完所有元件內防護（in-component guards）後觸發後者。然而，若你想在確認巡覽之前避免載入合適的非同步元件，那麼在處理好所有東西後調用回呼的價值就會降低。

那麼 router.afterEach 又如何呢？我們可以使用此掛接器來執行一些動作，如將某些頁面的資料儲存為快取、追蹤頁面分析資訊，或在離開登入頁面時認證我們的使用者：

```
router.afterEach((to, from) => {
  if (to.name === "login") {
    user.isAuthenticated = true;
  }
});
```

雖然全域型防護有助於執行副作用和控制整個應用程式的重導，但在某些情況下，我們只想實現特定路由的副作用。在這種情況下，使用路由層級防護會是不錯的選擇。

路由層級的導覽防護

對於每個路由，我們都可以為 beforeEnter 防護定義一個回呼函式，從不同的路由進入路徑時，Vue Router 會觸發該回呼。以我們的 /pizzas 路由為例。我們可以在進入路由之前手動將 to.params.searchTerm 欄位設定為 to.query.search，從而將搜尋的查詢作為一個 prop 映射到視圖，而不是用函式映射 props 欄位：

```
const routes: RouteRecordRaw = [
  /** 其他路由 */
  {
    path: "/pizzas",
    name: "pizzas",
    component: PizzasView,
    props: true,
    beforeEnter: async (to, from, next) => {
      to.params.searchTerm = (to.query.search || "") as string;

      next()
    },
  },
];
```

請注意，我們在 pizzas 路由中設定了 props: true。UI 仍將顯示與之前相同的披薩清單（圖 8-10）。

我們可以在這個防護中手動修改 to.query.searchTerm。不過，這些更改不會反映在瀏覽器網址列中的 URL 路徑上。如果我們想更新 URL 路徑，可以使用 next 函式將使用者重導到帶有所需查詢參數的新路由物件。

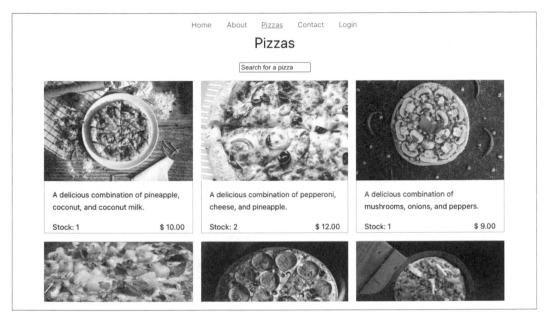

圖 8-10　披薩清單

向 *beforeEnter* 傳入一個陣列的回呼

beforeEnter 也接受由回呼函式組成的陣列，Vue Router 會依序觸發那些回呼。因此，我們可以在進入特定路由之前執行多種副作用。

與其他全域型防護一樣，beforeEnter 防護在需要對特定路由進行認證（authentication）、在將路由參數傳入給視圖元件之前對其進行額外修改等情況下都非常方便。接下來，我們將學習如何利用元件層級防護為特定視圖執行副作用。

元件層級的路由器防護

從 Vue 3.x 開始，Vue Router 還在元件層級提供可組合的防護（composable guards），以幫助控制路由離開（leaving）和更新（updating）的過程，如 onBeforeRouteLeave 和 onBeforeRouteUpdate。當使用者離開當前的路徑視圖時，Vue Router 會觸發 onBeforeRouteLeave，而當使用者使用不同的參數巡覽到相同的路徑視圖時，Vue Router 則會調用 onBeforeRouteUpdate。

我們可以使用 onBeforeRouteLeave 顯示訊息，以確認使用者已從 Contact 頁面離開，程式碼如下：

```
import { onBeforeRouteLeave } from "vue-router";

onBeforeRouteLeave((to, from, next) => {
  const answer = window.confirm("Are you sure you want to leave?");

  next(!!answer);
});
```

現在，在 Contact 頁面上嘗試巡覽到其他頁面時，你會看到一個確認視窗彈出，要求你確認巡覽動作，如圖 8-11 所示。點擊 Cancel 按鈕將取消該巡覽動作，點擊 OK 按鈕將繼續巡覽。

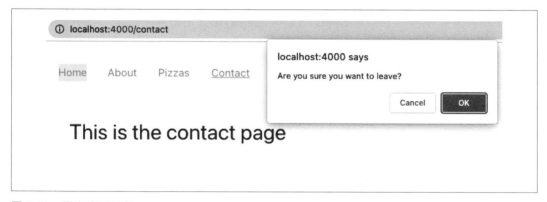

圖 8-11　彈出確認視窗

若你為元件使用 Options API，那麼就可取用選項物件上的 beforeRouteLeave 和 beforeRouteUpdate 防護來達成相同的功能。

路由器還會在 Vue 初始化視圖元件之前觸發 beforeRouteEnter 掛接器。這個防護類似於 setup() 掛接器；因此，Vue Router 的 API 並沒有可組合的等效掛接器。

我們探討了路由系統不同層級中可用的導覽防護及其執行順序，如圖 8-12 所示。

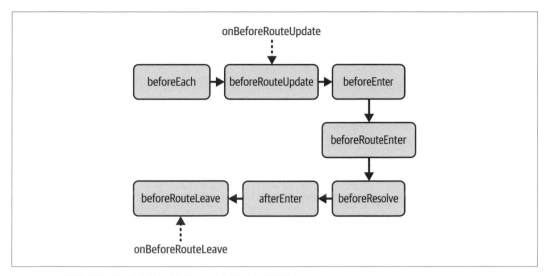

圖 8-12　觸發導覽防護及其等效的可組合掛接器的順序

了解巡覽過程和防護的執行順序對於建置穩健的路由系統來說很關鍵。接下來，我們將學習如何為應用程式建立內嵌路由。

建立內嵌路由

至此，我們已經為應用程式建置了基本的單層路由系統。實際上，大多數路由系統都更為複雜。有時，我們要為特定頁面建立子頁面，如 Frequently Asked Questions（FAQs，常見問題）頁面和 Contact 頁面的 Form（表單）頁面：

```
/contact/faq
/contact/form
```

/contact 頁面的預設 UI 是 ContactView 頁面，使用者可以透過點擊該頁面上的連結巡覽至 Form 頁面。在這種情況下，我們需要使用路由組態物件的 children 欄位為 /contact 頁面建立內嵌路由（nested routes）。

首先建立 ContactFaqView 和 ContactFormView 元件，以便路由器能在匹配時描繪它們，然後修改我們的 /contact 路由：

```
const routes = [
  /**... 其他路由 */
  {
    path: "/contact",
    name: "contact",
    component: ContactView,
    children: [
      {
        path: "faq",
        name: "contact-faq",
        component: ContactFaqView,
      },
      {
        path: "form",
        name: "contact-form",
        component: ContactFormView,
      },
    ],
  },
];
```

我們還必須在 ContactView 中放入預留位置元件 RouterView 的殘根（stub），以描繪內嵌路由。作為例子，我們在 ContactView 中新增以下程式碼：

```
<template>
  <div class="contact-view--container">
    <h1>This is the contact page</h1>
    <nav>
      <router-link to="/contact/faq">FAQs</router-link>
      <router-link to="/contact/form">Contact Us</router-link>
    </nav>
    <router-view />
  </div>
</template>
```

現在，當使用者巡覽到 *http://localhost:4000/contact/faq* 時，這個 Contact 元件將描繪 ContactFaqView（圖 8-13），而當使用者巡覽到 *http://localhost:4000/contact/form* 時，則將描繪 ContactFormView。

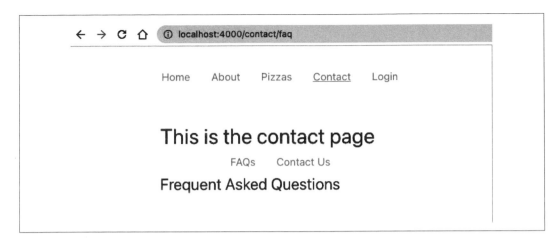

圖 8-13 巡覽至 *http://localhost:4000/contact/faq* 時的範例輸出

當我們想為包含內嵌路由的內嵌視圖之頁面建立特定的 UI 佈局時，這種方法就會很有用。

我們已經知道如何在父層佈局（parent layout）中建立內嵌路由。不過，在某些情況下，我們希望在沒有父層佈局的情況下建立內嵌路由，因此必須將父層路由的預設路徑宣告為它的內嵌路由物件。舉例來說，我們可以將父層 /contact 路由的 name 和 component 移至內嵌路徑，並使用空的路徑模式：

```
const routes = [
  /**... 其他路由 */
  {
    path: "/contact",
    children: [
      /**... 其他子代 */,
      {
        path: "",
        name: "contact",
        component: ContactView,
      }
    ],
  },
];
```

如此一來，當使用者巡覽至 *http://localhost:4000/contact/faq* 時，只有 ContactFaqView 元件會被描繪為單獨的頁面，而沒有 ContactView 的內容（圖 8-14）。

圖 8-14　巡覽至 *http://localhost:4000/contact/faq* 時的範例輸出

> 從截圖中可以看到，Contact 連結在導覽列中仍然處於作用中（active）
> 的狀態。之所以會出現這種情況，是因為 Contact 頁面的連結元素仍然具
> 有 router-link-active 類別，但沒有 router-link-exact-active。我們可
> 以透過只為確切作用中的連結（exact active link）定義 CSS 規則來解決
> 這種樣式問題。

使用內嵌路由在現實世界的應用程式中非常普遍；事實上，我們的 routes 陣列就已經是應用程式路由器實體的內嵌子代了。宣告內嵌路由是組織路由結構和建立動態路由的好方法，我們將在下一節探討這一點。

建立動態路由

Vue Router 最有用的功能之一是使用路由參數（routing params）設定動態路由（dynamic routes），路由參數是從 URL 路徑中擷取出來的變數。當我們擁有動態的資料驅動（data-driven）路由結構時，路由參數就會很好用。每個路由都有典型的模式，只有唯一的識別字（如使用者或產品 ID）不同。

讓我們修改 Pizza House 的路由，並新增一個動態路徑，以便一次顯示一種披薩。有種選擇是定義一個新路由，即 /pizza，並將披薩的 id 當作查詢參數傳入為 /pizza?id=my-pizza-id，正如我們在第 205 頁「在路由之間傳遞資料」中學到的那樣。不過，更好的辦法是修改 /pizzas 路由，並為其添加路徑模式為 :id 的新內嵌路由，如下所示：

```
const routes = [
  /**... 其他路由 */
  {
```

```
        path: "/pizzas",
        /**... 其他組態 */
        children: [{
            path: ':id',
            name: 'pizza',
            component: PizzaView,
        }, {
            path: '',
            name: 'pizzas',
            component: PizzasView,
        }]
    },
]
```

透過 :id 的使用，Vue Router 將匹配格式相似的任何路徑，如 */pizzas/1234-pizza-id*，並將擷取出來的 id（如 1234-pizza-id）儲存為 route.params.id 欄位。

既然我們學過了路由組態物件中的 props 欄位，就可以將其值設為 true，從而啟用路由參數到 PizzaView 的 props 的自動映射：

```
const routes = [
  /**... 其他路由 */
  {
    path: "/pizzas",
    /**... 其他組態 */
    children: [{
        path: ':id',
        name: 'pizza',
        component: PizzaView,
        props: true,
    },
    /**...other nested routes */
    ],
  },
]
```

在繫結的 PizzaView 元件中，我們使用 defineProps() 將 id 宣告為元件的 prop，並使用 useRoute 掛接器和這個 id prop 從 pizzas 陣列擷取披薩的詳細資訊：

```
import { usePizzas } from "@/composables/usePizzas";

const props = defineProps({
  id: {
    type: String,
    required: true,
  },
});
```

```
const { pizzas } = usePizzas();

const pizza = pizzas.value.find((pizza) => pizza.id === props.id);
```

我們可以在 `PizzaView` 元件中顯示 `pizza` 的詳細資訊，如下所示：

```
<template>
  <section v-if="pizza" class="pizza--container">
    <img :src="pizza.image" :alt="pizza.title" width="500" />
    <div class="pizza--details">
      <h1>{{ pizza.title }}</h1>
      <div>
        <p>{{ pizza.description }}</p>
        <div class="pizza-stock--section">
          <span>Stock: {{ pizza.quantity || 0 }}</span>
          <span>Price: ${{ pizza.price }}</span>
        </div>
      </div>
    </div>
  </section>
  <p v-else>No pizza found</p>
</template>
```

現在，當你巡覽到 /pizzas/1（1 是串列中某種現有披薩的 id）時，`PizzaView` 元件將顯示那種披薩的詳細資訊，如圖 8-15 所示。

圖 8-15　披薩詳細資訊頁面

從伺服器擷取資料

理想情況下，應避免再次從伺服器擷取資料，例如 PizzaView 元件中的 pizzas。取而代之，你應該使用資料儲存區管理（data store management），例如 Pinia（第 9 章），來儲存所擷取的 pizzas，並在需要時從儲存區中取回它們。

到目前為止，我們已經探討過如何建立內嵌路由和動態路由，以及如何將路由的參數解耦為 props。在下一節中，我們將學習如何使用 Vue Router 為應用程式實作自訂的後退（back）和前進（forward）按鈕。

使用路由器實體前後來回

除了使用原生瀏覽器的後退按鈕（back button，或稱「返回按鈕」）外，在 Web 應用程式中實作自訂的後退按鈕也是一種常見功能。我們可以使用 router.back() 方法巡覽到歷史堆疊（history stack）中的上一頁，這裡的 router 是指從 useRouter() 接收到的 app 的路由器實體：

```ts
<template>
  <button @click="router.back()">Back</button>
</template>
<script setup lang="ts">
import { useRouter } from "vue-router";

const router = useRouter();
</script>
```

要在歷史堆疊中向前（forward）移動，我們可以使用 router.forward() 方法：

```ts
<template>
  <button @click="router.forward()">Forward</button>
</template>
<script setup lang="ts">
import { useRouter } from "vue-router";

const router = useRouter();
</script>
```

使用 *router.go()* 巡覽到歷史堆疊中的特定頁面

你也可以使用 router.go() 方法，該方法接受的引數是在歷史堆疊中向
前或向後跳轉的步數。舉例來說，router.go(-2) 將巡覽到後退兩步的頁
面，而 router.go(2) 將向前跳轉兩步（如果存在的話）。

我們已經學到了 Vue Router 的基礎知識，並為我們的應用程式建立了基本的路由系統，
其中包含我們需要的所有頁面。但還有一件事我們需要處理：如果你嘗試巡覽至不存在
的路徑，你將看到空白頁。出現這種情況的原因是，當使用者試著巡覽到不存在的路徑
時，Vue Router 找不到匹配的元件來描繪。這將是我們的下個主題。

處理未知的路由

在大多數情況下，我們都無法控制使用者在使用應用程式時會嘗試巡覽的所有路徑。
舉例來說，使用者可能會嘗試存取 *https://localhost:4000/pineapples*，而我們尚未為其
定義路由。在這種情況下，我們可以在新的 error 路由中使用正規表達式（regular
expressions，regex）模式 /:pathMatch(.) 作為 path，向使用者顯示 404 頁面：

```
/**router/index.ts */

const routes = [
  /**... */
  {
    path: '/:pathMatch(.*)*',
    name: 'error',
    component: ErrorView
  }
]
```

Vue Router 將根據模式 /:pathMatch(.) 匹配未找到的路徑，然後將匹配的路徑值儲存在
路由位置物件（route location object）的 pathMatch 引數中。

使用 *Regex* 匹配未知路徑

你可以用想要的任何其他名稱替換 pathMatch。它的作用是讓 Vue Router
知道要在哪裡儲存匹配的路徑值。

在 `ErrorView` 元件中，我們可以向使用者顯示一條訊息：

```
<!--ErrorView.vue -->

<template>
  <h1>404 - Page not found</h1>
</template>
```

現在，當我們嘗試存取 *https://localhost:4000/pineapples* 或任何未知路徑時，我們將看到 404 頁面被描繪出來。

此外，我們還可以使用 `vue-router` 套件的 `useRoute()` 方法存取當前路由位置並顯示其路徑值：

```
<!--ErrorView.vue -->

<template>
  <h1>404 - Page not found</h1>
  <p>Path: {{ route.path }}</p>
</template>
<script lang="ts" setup>
import { useRoute } from 'vue-router'

const route = useRoute()
</script>
```

這段程式碼將顯示當前路由的路徑，在此例中為 /pineapples（圖 8-16）。

圖 8-16　404 頁面

又或者，當使用者訪問未知路徑時，我們也可以使用路由組態中的 `redirect` 特性將使用者重導到特定路由，例如首頁。舉例來說，我們可以將 error 路由改寫為：

```
/**router/index.ts */

const routes = [
  /**... */
  {
    path: '/:pathMatch(.*)*',
    redirect: { name: 'home' }
  }
]
```

當我們訪問未知路徑時，路由器實體會自動將我們重導到首頁，這樣我們就不再需要 `ErrorView` 元件了。

總結

本章探討了如何在應用程式中使用 Vue Router 提供的不同 API 為我們的 Vue 應用程式建置路由系統。

路由之間的移動要求資料流保持一致，比如處理非直接父子關係元件之間的資料流。為了解決這一難題，我們的應用程式需要有效率的資料管理系統。下一章將介紹 Vue 的官方資料管理程式庫 Pinia，以及如何使用 Pinia API 建置有效率且可重複使用的資料管理系統。

第九章

使用 Pinia 的狀態管理

上一章引導我們使用 Vue Router 建置應用程式的路由系統，包括內嵌路由、路由防護和動態路由巡覽。

在本章中，我們將學習狀態管理（state management），以及如何使用官方推薦的 Vue 狀態管理程式庫 Pinia 管理 Vue 應用程式中的資料流。我們還將探討如何為應用程式建置可重用且有效率的資料狀態管理系統。

了解 Vue 中的狀態管理

資料為應用程式注入生命，並將元件連接起來。元件透過資料狀態與使用者和其他元件進行互動。無論規模和複雜程度如何，狀態管理對於建置能夠運用實際資料的應用程式而言至關緊要。舉例來說，我們可以只顯示帶有披薩清單及其詳細資訊的產品卡圖庫（gallery）。一旦使用者在這個圖庫元件中將產品新增到購物車（cart），我們就得更新購物車的資料，並在更新所選產品剩餘庫存的同時，在購物車元件中顯示更新後的購物車資料。

以我們的 Pizza House 應用程式為例。在主視圖（App.vue）中，我們有一個標頭元件（HeaderView）和披薩卡圖庫（PizzasView）。標頭包含購物車圖示，用於顯示購物車中的物品數量，而圖庫則包含披薩卡清單，每張披薩卡都有按鈕，能讓使用者將所選品項新增到購物車中。圖 9-1 展示了主視圖的元件階層架構。

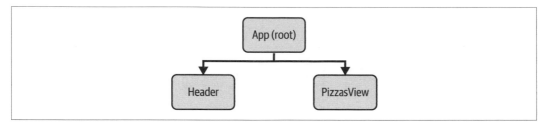

圖 9-1　Pizza House 主視圖中元件的階層架構

當使用者將披薩新增到購物車中，購物車圖示將顯示更新後的物品數量。為了在標頭（header）元件和圖庫（gallery）元件之間實現資料通訊，我們可以讓 App 管理 cart 資料，並將其資料作為 props 傳入給標頭，同時使用事件 updateCart 與圖庫通訊，如圖 9-2 所示。

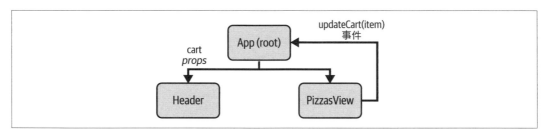

圖 9-2　以 App 為中間人的圖庫和標頭之間的資料流

這種做法對於小型應用程式非常有效。但是，假設我們想將 PizzasView 分割成子元件（如 PizzasGallery），並讓 PizzasGallery 為每種披薩描繪 PizzaCard 元件。對於每個新的父子（parent-child）層，我們都需要傳播 updateCart 事件，以確保圖庫和標頭之間資料流的傳播，如圖 9-3 所示。

當我們有更多的元件和分層時，這將變得更加複雜，留下許多不必要的 props 和事件。結果就是，當我們的應用程式成長時，這種做法的規模可擴充性和可維護性都會降低。

為了減少這種額外負擔並管理應用程式內的狀態流，我們需要全域性的狀態管理系統，集中儲存和管理應用程式資料狀態的地方。這種系統負責管理資料狀態，並將資料分發到必要的元件。

要為開發人員提供流暢的體驗，最常用的做法之一就是使用狀態管理程式庫（state management library），如 Pinia。

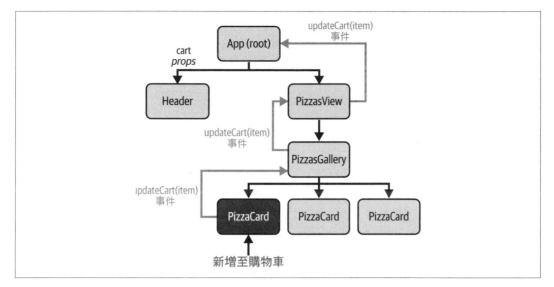

圖 9-3　以 App 為中間人，帶有子代的圖庫和標頭之間的資料流

了解 Pinia

受 Vuex [1] 和 Vue Composition API 的啟發，Pinia 是 Vue 目前的官方狀態管理程式庫。不過，你也可以使用其他支援 Vue 的狀態管理 JavaScript 程式庫，如 Vuex、MobX 和 XState。

Pinia 遵循 Vuex 的儲存模式，但採用了更靈活且可擴充規模的做法。

 Pinia 的官方說明文件可在 Pinia 網站（*https://oreil.ly/JoOwm*）上取得，其中包括安裝、API 和主要用例等資訊，以供參考。

有了 Pinia，我們就可以將每個資料集拆分為自己的狀態模組（state module）或儲存區（store），而不是為整個應用程式中使用的所有資料集建立單一的系統。然後，我們就能使用自訂的 composable（可組合掛接器）從任何元件存取儲存區中的相關資料，遵循 Composition API 的模式。

1　Vuex 是 Vue 應用程式之前的官方狀態管理工具。

使用 Vite 從零開始建立 Vue 專案時，我們可以選擇在搭建鷹架的過程中安裝 Pinia 作為狀態管理系統（參閱第 9 頁的「創建一個新的 Vue 應用程式」）。Vite 會為我們創建安裝好 Pinia 的專案，並配置了一個 counter 儲存區範例，以 useCounterStore 的形式公開，位於 src/stores/counter.ts 中。

不過，為了全面了解 Pinia 的工作原理，我們將跳過搭建鷹架的選項，使用下列命令手動新增 Pinia：

```
yarn add pinia
```

 在本書中，我們使用的是 Pinia 2.1.3，即編寫本書時的最新版本。你可以在 Pinia NPM 頁面（*https://oreil.ly/zCUCg*）找到最新版本，替換 @ 後面的版號。

安裝好 Pinia 後，請前往 src/main.ts，從 pinia 套件匯入 createPinia，用它建立新的 Pinia 實體，並將其插入應用程式：

```
import { createApp } from 'vue'
import { createPinia } from 'pinia' ❶

import App from './App.vue'
import router from './router'

const app = createApp(App)
const pinia = createPinia() ❷

app.use(pinia) ❸

app.mount('#app')
```

❶ 從 pinia 套件匯入 createPinia

❷ 創建一個新的 Pinia 實體

❸ 把那個 Pinia 實體插入到應用程式中以便使用

安裝並插入 Pinia 後，我們將為應用程式建立第一個儲存區（store）：pizzas 儲存區，用於管理應用程式中可用的披薩。

為 Pizza House 建立 Pizzas Store

由於 Pinia 遵循 Vuex 的儲存模式，因此 Pinia 中的儲存區包含以下基本特性：

State（狀態）

> 儲存區的反應式資料（狀態），透過使用 Composition API 中的 ref() 或 reactive() 方法建立。

Getters（取值器）

> 儲存區使用 computed() 方法建立的計算（computed）和唯讀特性。

Actions（動作）

> 更新儲存區的狀態或對儲存區的資料（狀態）執行自訂邏輯的方法。

Pinia 提供 defineStore 函式來建立新的儲存區，該函式接受兩個引數：儲存區的名稱和特性，以及可供其他元件使用的方法。儲存區的特性和方法可以是包含關鍵欄位 state、getters 和 actions 的物件，遵循 Options API（範例 9-1），也可以是使用 Composable API 的一個函式，它會回傳一個物件，其中帶有要對外開放的欄位（範例 9-2）。

範例 9-1　使用一個物件組態定義儲存區

```
import { defineStore } from 'pinia'

export const useStore = defineStore('storeName', () => {
    return {
        state: () => ({
            // state 特性
            myData: { /**... */}
        }),
        getters: {
            // getters 特性
            computedData: () => { /**... */ }
        },
        actions: {
            // actions 方法
            myAction(){ /**... */ }
        }
    }
})
```

範例 9-2　使用函式定義儲存區

```
import { defineStore } from 'pinia'
import { reactive, computed } from 'vue'

export const useStore = defineStore('storeName', () => {
    // state 特性
    const myData = reactive({ /**... */ })

    // getters 特性
    const computedData = computed(() => { /**... */})

    // actions 方法
    const myAction = () => { /**... */ }

    return {
        myData,
        computedData,
        myAction
    }
})
```

 本章將重點介紹如何搭配使用 Pinia 儲存區與 Vue 3.x Composition API，通常稱為 *setup stores*（設定儲存區）。

回到 pizzas 儲存區。我們添加了一個新檔案 src/stores/pizzas.ts，其中的程式碼如範例 9-3 所示。

範例 9-3　*Pizzas 儲存區*

```
/** src/stores/pizzas.ts */
import { defineStore } from 'pinia'
import type { Pizza } from '../types/Pizza';
import { ref } from 'vue'

export const usePizzasStore = defineStore('pizzas', () => { ❶
    const pizzas = ref<Pizza[]>([]); ❷

    const fetchPizzas = async () => { ❸
        const response = await fetch(
            'http://exploringvue.com/.netlify/functions/pizzas'
        );
        const data = await response.json();
        pizzas.value = data;
```

```
        }

        return {
            pizzas,
            fetchPizzas
        }
    })
```

然後在 PizzasView（基於上一章的範例 8-2 元件）中，我們將使用 pizzas 儲存區中的 pizzas 和 fetchPizzas 特性，從我們的 API 擷取並顯示披薩清單，如範例 9-4 所示。

範例 9-4　使用 *pizzas* 儲存區的 *PizzasView* 元件

```
<template>
  <div class="pizzas-view--container">
    <h1>Pizzas</h1>
    <ul>
      <li v-for="pizza in pizzasStore.pizzas" :key="pizza.id"> ❶
        <PizzaCard :pizza="pizza" />
      </li>
    </ul>
  </div>
</template>
<script lang="ts" setup>
/**.... */
import { watch, type Ref } from "vue";
import { usePizzasStore } from "@/stores/pizzas";

//...
const pizzasStore = usePizzasStore(); ❷

pizzasStore.fetchPizzas(); ❸
</script>
```

❶ 使用 pizzasStore.pizzas 描繪披薩清單。

❷ 從 pizzas 儲存區匯入 usePizzasStore 函式，並用它來取得 pizzasStore 實體。

❸ 當元件非同步掛載後，從 API 擷取披薩。

有了前面的程式碼，我們的 PizzasView 元件現在就能使用 pizzas 儲存區從 API 擷取並顯示披薩清單（圖 9-4）。

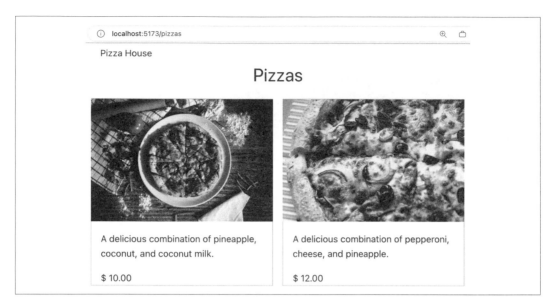

圖 9-4　使用 pizzas 儲存區的 `PizzasView` 元件

很好。儘管如此，請注意到我們不再擁有搜尋功能，該功能使用的是上一章範例 8-3
中的 `useSearch()` composable 。如果我們直接將 `pizzasStore.pizzas` 作為 `items` 傳入給
`useSearch()` composable，它將失去反應性，而且 `pizzasStore.fetchPizzas()` 解析後，
`searchResults` 並不會重新計算。為了解決這個問題，我們使用 pinia 中的 `storeToRefs()`
從 `pizzasStore` 擷取 `pizzas`，並在傳入 `useSearch()` 時保持其反應性（範例 9-5）。

範例 9-5　*useSearch() composable 可與 pizzas 儲存區搭配使用*

```
/** src/views/PizzasView.vue */
import { useSearch } from '@/composables/useSearch';
import { storeToRefs } from 'pinia';

//...
const pizzasStore = usePizzasStore();
const { pizzas } = storeToRefs(pizzasStore);
const { search, searchResults }: PizzaSearch = useSearch({
  items: pizzas,
  defaultSearch: props.searchTerm,
});

//...
```

現在，我們的樣板使用 searchResults 而不是 pizzasStore.pizzas，並且我們可以把搜尋的 input 欄位帶回來（範例 9-6）。

範例 9-6　使用 *pizzas* 儲存區進行搜尋的 *PizzasView* 元件

```
<template>
  <div class="pizzas-view--container">
    <h1>Pizzas</h1>
    <input v-model="search" placeholder="Search for a pizza" />
    <ul>
      <li v-for="pizza in searchResults" :key="pizza.id">
        <PizzaCard :pizza="pizza" />
      </li>
    </ul>
  </div>
</template>
```

接下來，我們將建立購物車儲存區來管理當前使用者的購物車資料，包括已新增品項的清單。

為 Pizza House 建立 Cart Store

為建立購物車儲存區（cart store），我們以下列特性定義 cart 儲存區：

- 購物車中新增的 items（項目）串列；每個項目都包含披薩的 id 和 quantity（數量）

- 購物車中的項目總數 total

- add 方法，用來為購物車新增項目

為了建立 cart 儲存區，我們添加了新檔案 src/stores/cart.ts，其中的程式碼如範例 9-7 所示。

範例 9-7　*Cart* 儲存區

```
import { defineStore } from 'pinia'

type CartItem = {    ❶
    id: string;
    quantity: number;
}

export const useCartStore = defineStore('cart', () => {
```

```
        const items = reactive<CartItem[]>([]); ❷
        const total = computed(() => { ❸
            return items.reduce((acc, item) => {
                return acc + item.quantity
            }, 0)
        })

        const add = (item: CartItem) => { ❹
            const index = items.findIndex(i => i.id === item.id)
            if (index > -1) {
                items[index].quantity += item.quantity
            } else {
                items.push(item)
            }
        }

        return {
            items,
            total,
            add
        }
    })
```

❶ 定義購物車項目（cart item）的型別

❷ 以一個空陣列初始化 items 狀態

❸ 建立一個 total 取值器來計算購物車中的項目總數（total items）

❹ 建立一個 add 動作（action）來新增項目到購物車。如果項目已經在購物車中，就會改為更新數量（quantity）而非添加新項目。

建立 cart 儲存區之後，現在我們就能在應用程式中使用它了。

在元件中使用 Cart Store

我們建立一個新元件 src/components/Cart.vue，用於顯示購物車中的項目總數。在 <script setup()> 區段，我們匯入 useCartStore() 方法並呼叫它來取得 cart 實體。然後在樣板中，我們使用 cart.total 取值器來顯示購物車中的項目總數，如範例 9-8 所示。

範例 9-8　*Cart 元件*

```
<template>
    <div class="cart">
        <span class="cart__total">Cart: {{ cart.total }}</span>
    </div>
</template>
<script setup lang="ts">
import { useCartStore } from '@/stores/cart'

const cart = useCartStore();
</script>
<style scoped>
.cart__total {
    cursor: pointer;
    text-decoration: underline;
}
</style>
```

然後，如下列程式碼所示，當我們在 App.vue 中使用 <Cart /> 元件時，會看到購物車顯示的初始值為 0（圖 9-5）：

```
<!-- App.vue -->
<template>
    <header>
        <div>Pizza House</div>
        <Cart />
    </header>
    <RouterView />
</template>
```

圖 9-5　應用程式標頭中顯示的 Cart 元件

接下來，我們為 PizzaCard 所描繪的每種披薩啟用從披薩圖庫（pizzas gallery）新增項目到購物車的功能。

從 Pizzas Gallery 向 Cart 新增項目

在 PizzaCard 中，我們將新增一個按鈕，該按鈕的 click 事件處理器（event handler）將呼叫 cart.add() 動作（action），把披薩新增到購物車（cart）中。PizzaCard 元件的外觀將如範例 9-9 所示。

範例 9-9 PizzaCard 元件

```ts
<template>
  <article class="pizza--details-wrapper">
    <img :src="pizza.image" :alt="pizza.title" height="200" width="300" />
    <p>{{ pizza.description }}</p>
    <div class="pizza--inventory">
      <div class="pizza--inventory-price">$ {{ pizza.price }}</div>
    </div>
    <button class="pizza--add" @click="addToCart">Add to cart</button> ❶
  </article>
</template>
<script setup lang="ts">
import { useCartStore } from "@/stores/cart";
import type { Pizza } from "@/types/Pizza";
import type { PropType } from "vue";

const props = defineProps({
  pizza: {
    type: Object as PropType<Pizza>,
    required: true,
  },
});

const cart = useCartStore(); ❷
const addToCart = () => {
  cart.add({ id: props.pizza.id, quantity: 1 }); ❸
};
</script>
```

❶ 新增一個按鈕以將披薩加到購物車

❷ 從 useCartStore() 方法取得購物車實體

❸ 在 addToCart() 中呼叫 cart.add() 動作來把披薩加入購物車

有了前面的程式碼，我們就可以在瀏覽器中點選「Add to cart」按鈕，將披薩新增到購物車，然後就可以看到購物車中的項目總數更新了（圖 9-6）。

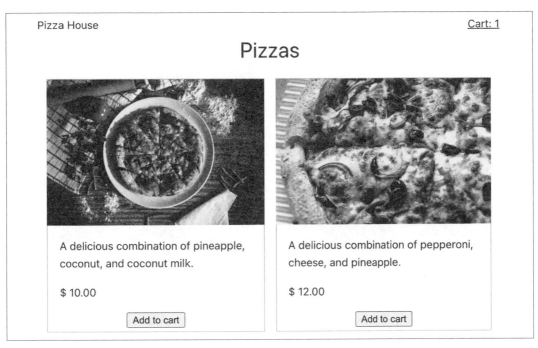

圖 9-6　帶有新增選項的披薩卡片（Pizza card）和更新過後的購物車項目總數

我們還可以使用 `cart.items` 來偵測目前的披薩是否已放入購物車，並在披薩卡片上顯示其狀態，如範例 9-10 所示。

範例 9-10　帶有狀態的 *PizzaCard* 元件

```
<template>
  <article class="pizza--details-wrapper">
    <!--...-->
    <div class="pizza--inventory">
      <!--...-->
      <span v-if="isInCart">In cart</span> ❶
    </div>
    <button class="pizza--add" @click="addToCart">
        Add to cart
    </button>
  </article>
</template>
<script setup lang="ts">
//...

const isInCart = computed(():boolean => { ❷
```

```
    return !!cart.items.find((item) => item.id === props.pizza.id);
  });
</script>
```

如果披薩已放入購物車，披薩卡片上就會顯示「In cart」的狀態（圖 9-7）。

圖 9-7　帶有狀態的披薩卡

我們已成功建立了購物車儲存區，並將其用於 Pizza House。Cart 和 PizzaCard 元件現在已同步，並透過 cart 儲存區進行通訊。

此時，Cart 元件目前只顯示購物車中的項目總數，這在大多數情況下不足以讓使用者了解他們放入了什麼。在下一節中，我們會在使用者點選購物車時顯示購物車中的項目，以改善這種體驗。

使用 Actions 顯示購物車項目

在 Cart.vue 中，我們將新增顯示購物車項目清單的區段和 showCartDetails 變數，以控制該清單的可見性。使用者點選購物車文字時，我們將切換串列的可見性，如範例 9-11 所示。

範例 9-11　帶有購物車項目的購物車元件

```
<template>
    <div class="cart">
        <span
            class="cart__total"
            @click="showCartDetails.value = !showCartDetails.value;" ❶
        >
            Cart: {{ cart.total }}
        </span>
        <ul class="cart__list" v-show="showCartDetails"> ❷
            <li v-for="item in cart.items" :key="item.id" class="cart__list-item"> ❸
                <span>Id: {{ item.id }}</span> |
                <span>Quantity: {{ item.quantity }}</span>
            </li>
        </ul>
    </div>
</template>
<script setup lang="ts">
import { useCartStore } from '@/stores/cart'
import { ref } from 'vue'

const cart = useCartStore();
const showCartDetails = ref(false); ❹
</script>
```

❶ 當使用者點選購物車文字（cart text）時，切換購物車項目清單的可見性

❷ 在 showCartDetails 為 true 時，顯示購物車項目清單

❸ 以迴圈逐一處理購物車中的項目，顯示項目 id 和數量

❹ 使用 ref() 方法初始化 showCartDetails 變數

我們還為 Cart 元件添加了一些 CSS 樣式，使清單看起來像是下拉式表單（dropdown）：

```
.cart {
    position: relative; ❶
}

.cart__list {
    position: absolute; ❷
    list-style: none;
    border: 1px solid #e3e0e0;
    padding: 10px;
    inset-inline-end: 0; ❸
    box-shadow: 2px 2px 3px #e3e0e0; ❹
```

```
        background-color: white;
        min-width: 200px;
    }
```

❶ 將 .cart 容器的位置設定為 relative，使 absolute 的串列容器（list container）浮動
   在該容器內。

❷ 將串列容器的位置設定為 absolute，使其相對於 relative 定位的 .cart 容器浮動著。

❸ 將 inset-inline-end 特性設定為 0，使串列容器浮動到 .cart 容器的右側。

❹ 為串列容器新增框陰影（shadow）和邊框（border），使其看起來像下拉式表單。

點擊購物車文字後，將顯示購物車項目清單（圖 9-8）。

圖 9-8　點擊購物車文字時顯示的購物車項目清單

但請等等，有個問題存在。這個清單只顯示項目的 id 和 quantity（數量），我們需要更
詳細的描述，讓使用者了解他們加入了什麼項目，以及總金額。我們還需要顯示項目的
名稱和價格。為此，我們可以修改 cart.items，以保留項目的名稱和價格，但這樣會使
cart 儲存區的結構變得複雜，而且需要額外的邏輯修正。

取而代之，我們可以藉助 pizzas 儲存區建立計算式（computed）的 detailedItems 串列。

如範例 9-12 所示，我們將在 cart.ts 儲存區中新增 detailedItems 計算特性，該特性將
是 items 和披薩儲存區的 pizzasStore.pizzas 聯結起來的陣列（joined array）。

範例 9-12　帶有 detailedItems 計算特性的購物車儲存區

```
import { defineStore } from 'pinia';
import { usePizzasStore } from './pizzas';

export const useCartStore = defineStore('cart', () => {
    //...

    const detailedItems = computed(() => {
```

```
        const pizzasStore = usePizzasStore(); ❶

        return items.map(item => { ❷
            const pizza = pizzasStore.pizzas.find(
                pizza => pizza.id === item.id
            )

            const pizzaPrice = pizza?.price ? +(pizza?.price) : 0;

            return { ❸
                ...item,
                title: pizza?.title,
                price: pizza?.price,
                total: pizzaPrice * item.quantity
            }
        })
    })

    return {
        //...
        detailedItems ❹
    }
});
```

❶ 使用 usePizzaStore 從儲存區擷取披薩的初始串列

❷ 過濾出要在購物車中顯示的相關披薩

❸ 格式化購物車項目的資訊以進行回傳

❹ 回傳過濾好並已格式化的陣列 detailedItems

在 Cart.vue 中,我們將在 v-for 迴圈中用 cart.detailedItems 替換 cart.items,如範例 9-13 所示。

範例 9-13 使用 detailedItems 顯示更多資訊

```
<ul class="cart__list" v-show="showCartDetails">
    <li
        v-for="(item, index) in cart.detailedItems" ❶
        :key="item.id"
        class="cart__list-item">
        <span>{{index + 1}}. {{ item.title }}</span>
        <span>${{ item.price }}</span> x
        <span>{{ item.quantity }}</span>
        <span>= ${{ item.total }}</span>
    </li>
</ul>
```

❶ 迭代 `cart.detailedItems` 陣列以顯示購物車中的項目

現在，當我們點選購物車文字時，購物車項目清單將顯示項目的名稱、價格、數量和每個項目的總金額（圖 9-9）。

圖 9-9　顯示更多資訊的購物車項目清單

我們已經成功顯示了購物車項目的詳細資訊。接下來，我們可以添加從購物車刪除項目的功能。

從 Cart Store 移除項目

對於購物車清單中的每個項目，我們都將新增 *Remove*（移除）按鈕，以便將之從購物車中刪除。我們還將新增 *Remove all*（全部刪除）按鈕，以便從購物車中刪除所有項目。`Cart.vue` 的 `template` 區段將如範例 9-14 所示。

範例 9-14　帶有 *Remove* 和 *Remove all* 按鈕的 *Cart* 元件

```
<div class="cart__list" v-show="showCartDetails">
    <div v-if="cart.total === 0">No items in cart</div>
    <div v-else>
        <ul>
            <li
                v-for="(item, index) in cart.detailedItems"
                :key="item.id" class="cart__list-item"
            >
                <span>{{index + 1}}. {{ item.title }}</span>
                <span>${{ item.price }}</span> x
                <span>{{ item.quantity }}</span>
                <span>= ${{ item.total }}</span>
                <button @click="cart.remove(item.id)">Remove</button> ❶
            </li>
        </ul>
        <button @click="cart.clear">Remove all</button> ❷
    </div>
</div>
```

❶ Remove 按鈕繫結到 cart.remove 方法，該方法以項目的 id 為引數

❷ Remove all 按鈕與 cart.clear 方法繫結

在 cart.ts 中，我們會新增 remove 和 clear 方法，如範例 9-15 所示。

範例 9-15　帶有 *remove* 和 *clear* 方法的 Cart 儲存區

```
//...

export const useCartStore = defineStore('cart', () => {
    //...
    const remove = (id: string) => {
        const index = items.findIndex(item => item.id === id)
        if (index > -1) {
            items.splice(index, 1)
        }
    }

    const clear = () => {
        items.length = 0
    }

    return {
        //...
        remove,
        clear
    }
})
```

就只是這樣！當我們點擊 *Remove* 按鈕時，Vue 就會從購物車中刪除該項目。當我們點選 *Remove all* 按鈕時，它將清空購物車；參閱圖 9-10。

圖 9-10　帶有 Remove 和 Remove all 按鈕的購物車項目

若使用 Options API 建立 cart 儲存區，就可以使用 cart.$reset() 將儲存區狀態重置為初始狀態。否則，你必須手動重置儲存區的狀態，就像我們在 clear 方法中做的那樣。

我們還可以使用瀏覽器 Developer Tools 中的 Vue Devtool 分頁（第 7 頁的「Vue Developer Tools」）來檢視 cart 儲存區的狀態和取值器。cart 和 pizzas 儲存區將列在 Pinia 分頁底下（圖 9-11）。

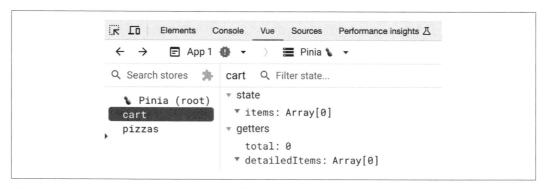

圖 9-11　Vue Devtools 中的 cart 和 pizzas 儲存區

我們已經探討了如何使用 Pinia 和 Composition API 建置儲存區。我們還探索了不同的做法，例如結合儲存區和在外部 composables 中使用儲存區的狀態。那麼如何測試 Pinia 儲存區呢？我們在下一節中討論。

對 Pinia 儲存區進行單元測試

儲存區的單元測試與函式的常規單元測試類似。對於 Pinia，在執行實際測試之前，我們需要使用 createPinia 建立一個 Pinia 實體，並使用 pinia 套件中的 setActivePinia() 方法啟動它。範例 9-16 展示了如何編寫向購物車新增項目的測試。

範例 9-16　購物車儲存區新增項目的測試集

```
import { setActivePinia, createPinia } from 'pinia';
import { useCartStore } from '@/stores/cart';

describe('Cart store', () => {
    let cartStore;

    beforeEach(() => { ❶
```

```
        setActivePinia(createPinia());
        cartStore = useCartStore();
    });

    it('should add item to cart', () => {
        cartStore.add({ id: '1', quantity: 1 });
        expect(cartStore.items).toEqual([{ id: '1', quantity: 1 }]);
    });
});
```

❶ 每次測試執行前，我們都會建立並啟動一個新的 Pinia 實體。

這段程式碼遵循 Jest 和 Vitest 測試框架支援的共通測試語法。我們將在第 263 頁的「作為單元測試工具的 Vitest」中更深入討論單元測試的編寫和執行。至於現在，我們將探討如何訂閱儲存區變更並為儲存區動作新增副作用。

訂閱儲存區變更時的副作用

Pinia 的顯著優勢之一是能夠擴充儲存區的功能，並使用外掛（plugins）實作副作用（side effects）。有了這種能力，我們就可以輕鬆訂閱（subscribe）所有儲存區或特定儲存區的變化，從而在需要時執行額外的動作（actions），例如與伺服器同步資料。

以下面的 cartPlugin 為例：

```
//main.ts
import { cartPlugin } from '@/plugins/cartPlugin'
//...

const pinia = createPinia()
pinia.use(cartPlugin)

app.use(pinia)
//...
```

cartPlugin 是個函式，它接收一個物件，該物件含有對 app 實體、pinia 實體、store 實體和選項物件（options object）的參考。Vue 會為應用程式中的每個儲存區觸發一次此函式。為確保只訂閱 cart 儲存區，我們可以檢查儲存區的 id（見範例 9-17）。

範例 9-17　Cart 外掛

```
//src/plugins/cartPlugin.ts
export const cartPlugin = ({ store}) => {
    if (store.$id === 'cart') {
```

```
            //...
        }
    }
```

然後，我們就能使用 store.$subscribe 方法訂閱購物車儲存區的變更，如範例 9-18 所示。

範例 9-18　訂閱儲存區變更的 Cart 外掛

```
//src/plugins/cartPlugin.ts
export const cartPlugin = ({ store }) => {
    if (store.$id === 'cart') {
        store.$subscribe((options) => {
            console.log('cart changed', options)
        })
    }
}
```

當我們向購物車新增一個項目時，cartPlugin 會將訊息記錄到主控台（圖 9-12）。

```
cart changed                                                    main.ts:17
▼ Object ⓘ
  ▼ events:
    ▶ effect: ReactiveEffect {active: true, deps: Array(17), parent: undefined, fn: ƒ, scheduler: ƒ,
      key: "1"
    ▶ newValue: {id: '1', quantity: 1}
      oldTarget: undefined
      oldValue: undefined
    ▶ target: (2) [{…}, {…}]
      type: "add"
    ▶ [[Prototype]]: Object
    storeId: "cart"
    type: "direct"
  ▶ [[Prototype]]: Object
```

圖 9-12　使用外掛記錄儲存區變更

由 $subscribe 方法接收的 options 物件包含 events 物件，其中含有目前事件的型別（add）、之前的值（oldValue）、傳入給事件的當前值（newValue）、storeId 和事件型別（direct）。

同樣地，我們可以使用 store.$onAction 為 cart 儲存區的 add 動作新增副作用（範例 9-19）。

範例 9-19　*Cart 外掛訂閱儲存區的新增動作*

```
//src/plugins/cartPlugin.ts

export const cartPlugin = ({ store}) => {
    if (store.$id === 'cart') {
        store.$onAction(({ name, args }) => {
            if (name === 'add') {
                console.log('item added to cart', args)
            }
        })
    }
}
```

當我們向購物車新增項目時，cartPlugin 會記錄加入到購物車的新項目（圖 9-13）。

```
item added to cart  ▼ Array(1) i
                    ▶ 0: {id: '2', quantity: 1}
                      length: 1
                    ▶ [[Prototype]]: Array(0)
```

圖 9-13　Cart 外掛記錄儲存區的新增動作

有了 $subscribe 和 $onAction，我們就可以新增副作用，像是日誌記錄或與外部 API 服務通訊，例如在伺服器更新使用者的購物車等。此外，如果我們在同一個外掛中使用 $onAction 和 $subscribe，Vue 會先觸發 $onAction，然後再觸發相關的 $subscribe。

 使用副作用

需要注意的重點是，Vue 會觸發我們新增到儲存區的每個副作用。舉例來說，在範例 9-19 中，Vue 會為在儲存區中執行的每個動作都啟動副作用函式。因此，為儲存區新增副作用時，我們必須非常謹慎，以避免出現效能問題。

總結

在本章中,我們學到如何使用 Pinia 建置儲存區,並在應用程式中藉助 Composition API 使用它們。我們還學會如何進行解構並將儲存區的狀態傳入給具有反應性的外部 composables,以及如何訂閱儲存區變更並為儲存區動作新增副作用。現在,你已經準備好建立完整的資料流,包括建置集中式的資料儲存區、在不同元件中使用它,以及透過儲存區連接元件。

下一章將探討 Vue 在增強使用者體驗方面的不同功能:為應用程式和元件新增動畫(animations)和切換(transitions)效果。

第十章

Vue 中的切換和動畫

我們已經探討了建置 Vue 應用程式的所有關鍵面向，包括透過適當的狀態管理來處理路由和資料流。本章將透過使用切換元件（transition components）、掛接器（hooks）和 CSS 來探索 Vue 用於增強使用者體驗的獨特功能：動畫（animation）和切換（transitions，或稱「過場效果」、「轉場效果」、「過渡效果」）。

了解 CSS 切換和 CSS 動畫

CSS 動畫是特定元素或元件上狀態變化的視覺效果（visual effects），對狀態的數量沒有限制。CSS 動畫可以自動開始並循環播放，無須明確的觸發。相較之下，CSS 切換（transition）則是一種僅對兩個狀態之間的變化做出反應的動畫，如按鈕從一般狀態到懸停（hover，或稱「暫留」）狀態，或工具提示（tooltip）從隱藏到顯示。要定義 CSS 動畫，我們通常使用 @keyframes 規則，然後使用 animation 特性將其套用到目標元素。例如，我們可以為按鈕定義簡單的動畫效果：

```
@keyframes pulse {
  0% {
    box-shadow: 0 0 0 0px rgba(0, 0, 0, 0.5);
  }
  100% {
    box-shadow: 0 0 0 20px rgba(0, 0, 0, 0);
  }
}

.button {
  animation: pulse 2s infinite;
  box-shadow: 0px 0px 1px 1px #0000001a;
}
```

我們定義了一個簡單的動畫效果 pulse，並將其套用到帶有 button 類別的任何元素上，在這個動畫效果中，方塊陰影（box shadow）會在持續兩秒的時間內循環地擴大和縮小。如果該元素存在於 DOM 中，此效果將無限期執行。

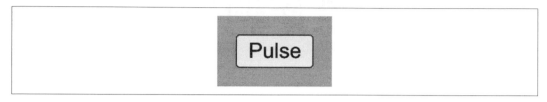

圖 10-1　無限期的脈衝（pulse）動畫效果

同時，我們可以使用 transition 特性來為特定元素定義使用者在其上懸停（hovers over）之時的切換效果：

```
.button {
  transition: background-color 0.5s ease-in-out;
}

.button:hover {
  background-color: #ff0000;
}
```

在這段程式碼中，我們為 button 元素建立了一個簡單的切換效果：懸停時背景顏色將從預設顏色變為紅色，延遲時間為 0.5 秒，並具有 ease-in-out（緩進緩出）的平滑效果。此外，我們還可以使用 JavaScript 和其他動畫程式庫，以程式化的方式定義切換和動畫效果。

使用應用程式時，切換和動畫效果可為使用者帶來更加流暢的體驗。然而，製作切換和動畫效果有時會很有挑戰性。作為專注於視圖層（view layer）的框架，Vue 提供一系列的 API，幫助我們使用 CSS 或 JavaScript 以更簡單明瞭的方式為元件和路由建立流暢、漂亮的動畫和切換效果。其中之一就是我們將在下一節討論的 transition 元件。

Vue.js 中的 Transition 元件

transition 元件是一種包裹器元件（wrapper component），能讓我們為單個元素建立切換效果，有兩種可用的切換狀態：進入（enter）和離開（leave）。該元件提供 name 這個 prop，作為所需切換效果的名稱。Vue 將以 name 為前綴，以切換的方向狀態（to、active 或 from）為後綴，來計算相關的切換類別，如這裡所示：

```
<name>-[enter | leave]-<transition-direction-state>
```

舉例來說，我們可以在元素上使用 slidein 切換效果：

```
<transition name="slidein">
    <ul class="pizza-list">
        /** 用來描繪披薩卡片的程式碼 ... */
    </ul>
</transition>
```

Vue 將產生一組類別，具體描述請參閱表 10-1。

表 10-1　為 slide-in 切換效果所生成的切換類別

類別	說明
.slidein-enter-from	進入切換之起始狀態的類別選擇器
.slidein-enter-active	這個類別選擇器定義元素主動進入切換時，切換的持續時間（duration）和延遲（delay）
.slidein-enter-to	進入切換之結束狀態的類別選擇器
slidein-leave-from	離開切換之起始狀態的類別選擇器
slidein-leave-to	離開切換之結束狀態的類別選擇器
slidein-leave-active	在元素離開切換的過程中處於活動（active）狀態時，用來定義切換持續時間和延遲的類別選擇器

enter state（進入狀態）表示元素起始了在瀏覽器顯示畫面中切換到可見模式的過程，而 *leave state*（離開狀態）則表示相反的過程。我們可以結合 v-show（用以開關元素的 CSS display 特性）或 v-if 屬性（有條件地將元素插入 DOM）。我們將在程式碼範例的 ul 元件中加上 v-show：

```
<transition name="slidein">
    <ul class="pizza-list" v-show="showList">
        /** 用來描繪披薩卡片的程式碼 ... */
    </ul>
</transition>
```

現在，我們可以使用前面的類別來定義名為 slidein 並帶有 CSS transition 特性的切換效果，並定義要執行該效果的目標 CSS 特性。

下面是 slide-in 切換效果的範例實作：

```
.slidein-enter-to {
  transform: translateX(0);
}
```

```
.slidein-enter-from {
  transform: translateX(-100%);
}

.slidein-leave-to {
  transform: translateX(100%);
}

.slidein-leave-from {
  transform: translateX(0);
}

.slidein-enter-active,
.slidein-leave-active {
  transition: transform 0.5s;
}
```

在這段程式碼中，在進入切換之前，瀏覽器會使用 translateX(-100%) 將 ul 元素重新定位到檢視區（viewport）左側，然後在 slidein-enter-to 中使用 translateX(0) 將其移回正確位置。同樣的效果也適用於離開切換，只不過元素將移動到檢視區的右側而非左側。正如 slidein-enter-active 和 slidein-leave-active 類別中所述，這兩種變化都將發生在 transform 特性上，持續時間均為 0.5 秒。

要檢視實際效果，我們可以加上一小段逾時（timeout）時間來更改 searchResults 資料特性的值：

```
import { ref } from "vue";

const showList = ref(false);

setTimeout(() => {
  showList.value = true;
}, 1000);
```

Vue 引擎會視情況新增或刪除每個類別。我們再新增另一段逾時時間，將 showList 的值改回 false，Vue 就會再次觸發切換效果，只不過這次是針對離開狀態的（圖 10-2）。

我們使用帶有單一效果 slidein 的 transition 元件實作了一種簡單的切換。那麼如何將不同的效果組合在一起呢？例如在進入狀態時使用 slidein，在離開狀態時使用 rotate。在這種情況下，我們可以使用自訂的切換類別屬性，這將在下一節討論。

Pizzas

Search for a pizza

A delicious combination of pineapple, coconut, and coconut milk.

Stock: 1 $ 10.00

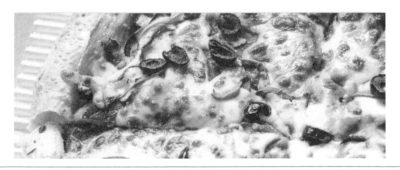

圖 10-2　當 showList 為 true 時披薩清單的切換效果

使用自訂的 Transition 類別屬性

除了根據 name 屬性自動生成類別之外，Vue 還允許我們使用下列相關的 props 為每個切換類別指定自訂類別：enter-class、enter-active-class、enter-to-class、leave-class、leave-active-class 和 leave-to-class。舉例來說，我們可以為離開狀態時的 rotate 切換效果定義自訂類別：

```
<transition name="slidein" leave-active-class="rotate">
    <ul class="pizza-list" v-show="showList">
        /** 用來描繪披薩卡片的程式碼 ... */
    </ul>
</transition>
```

在 style 區段，我們使用 @keyframes 控制項來定義 rotate 切換的動畫效果，其中關鍵影格的偏移量（keyframe offsets）分別為 0%、50%、90% 和 100%：

```
@keyframes rotate {
  0% {
    transform: rotate(0);
  }
  50% {
    transform: rotate(45deg);
  }
  90% {
    transform: rotate(90deg);
  }
  100% {
    transform: rotate(180deg);
  }
}
```

然後，我們可以將 rotate 動畫效果指定給 rotate 類別的 animation 特性，持續時間為 0.5 秒：

```
.rotate {
  animation: rotate 0.5s;
}
```

我們將 showList 的初始值設為 true，逾時 1000 毫秒後將其改為 false。進入 ul 元素時的效果仍然是 slidein，而離開時的效果現在則是旋轉動畫，從 45 度開始，然後是 90 度，最後是 180 度。請參閱圖 10-3。

```
import { ref } from "vue";

const showList = ref(true);
```

```
setTimeout(() => {
  showList.value = false;
}, 1000);
```

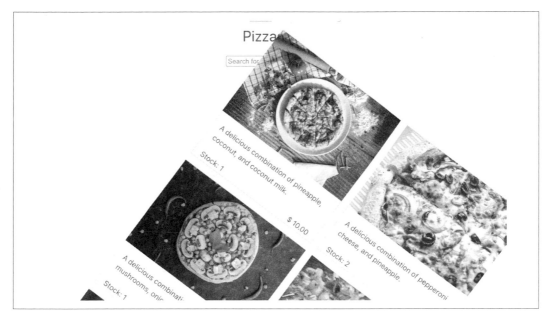

圖 10-3　使用關鍵框架對切換效果進行旋轉

你可以為這些 props 指定多個類別，中間用單一空格分隔，以便為特定的切換狀態套用各種效果。想將外部 CSS 程式庫（如 Bootstrap、Tailwind CSS 或 Bulma）中的動畫與它們的類別整合在一起時，這項功能會很有幫助。

現在，只要切換 showList 的值，我們的元件就會產生切換效果。不過，我們通常希望在頁面載入後，元素出現在螢幕上時，無須額外的互動，就能產生動畫效果。為此，我們可以使用 appear prop。

使用 appear 在初始描繪中新增切換效果

當我們在 transition 元素上將 appear prop 設定為 true 時，Vue 會在將元件掛載到 DOM 時自動新增 enter-active 和 enter-to 類別，從而觸發切換效果。舉例來說，要在 ul 元件的初始描繪時套用 slidein 效果，我們只需為 transition 元素新增 appear prop：

```
<transition name="slidein" appear>
    <ul class="pizza-list">
        /** 用來描繪披薩卡片的程式碼 ... */
```

```
        </ul>
    </transition>
```

現在，瀏覽器將在 UI 首次顯示 ul 元素時套用 slidein 效果。

我們已經學到如何使用 transition 元件為單一元素建立平滑的切換效果。但是，當我們想有序地讓多個部分同時產生動畫效果時，這個元件就派不上用場了。為此，我們有 transition-group 可用，接下來我們將討論它。

為一組元素建置切換效果

transition-group 元件是 transition 的特殊版本，旨在為一組元素提供動畫支援。它接受與 transition 相同的 props，當我們想為串列（如披薩或使用者清單）中的每個項目製作動畫時，它就能派上用場。然而，與 transition 元素不同的是，transition-group 支援使用 tag prop 描繪一個包裹器元素（wrapper element），而所有子元素都將接受相同的切換類別，但不包括那個包裹器（如果存在的話）。

以披薩清單為例。我們可以使用 transition-group，在每張披薩卡片出現在螢幕上時，用 fadein 效果將其動畫化，並將卡片包裹在一個 ul 元素之下：

```
<transition-group name="fadein" tag="ul" appear>
    <li v-for="pizza in searchResults" :key="pizza.id">
        <PizzaCard :pizza="pizza" />
    </li>
</transition-group>
```

 使用 *key* 屬性
必須在每個串列元素上使用 key 屬性，Vue 才能追蹤串列中的變化並套用相應的切換效果。

Vue 會為每個 li 元素新增相關的 fadein-enter-active、fadein-enter-to、fadein-leave-active、fadein-leave-to 類別，我們使用下列 CSS 規則定義這些類別：

```
.fadein-enter-active,
.fadein-leave-active {
  transition: all 2s;
}

.fadein-enter-from,
.fadein-leave-to {
```

```
    opacity: 0;
    transform: translateX(20px);
}
```

就這樣了。現在，當首次載入元件時，清單中的每張披薩卡片都會以漸淡（fading）效果出現，並從右側略微滑入。每當我們使用搜尋方塊（search box）過濾串列時，新的披薩卡片將以同樣的效果出現，而舊的披薩卡片將以相反的效果消失：淡出並向右滑出（圖 10-4）。

圖 10-4　在串列中搜尋時的漸淡效果

為移動新增更多效果

你還可以使用 <effect>-move 類別（如 fadein-move）為項目的移動新增更多效果。當串列中的內容會四處移動時，這種解決方案會更加流暢。

到目前為止一切順利。我們已經學到如何使用 transition 元件和 transition-group 元件。下一步是學習如何將這些元件與 router-view 元素結合起來，以便在路由之間巡覽時建立平滑的切換效果。

建立路由切換效果

從 Vue Router 4.0 開始，我們不能再用 transition 元素包裹 router-view 元件了。取而代之，我們將從 router-view 結合 v-slot 所公開的 Component prop 以及動態的 component，如下程式碼所示：

```
<router-view v-slot="{ Component }">
    <transition name="slidein">
        <component :is="Component" />
    </transition>
</router-view>
```

Component prop 指的是 Vue 描繪的目標元件，以取代 router-view 預留位置。然後，我們可以使用 component 元素動態產生元件，並用 transition 元素對其進行包裹，以套用 slidein 效果。這樣一來，每當我們巡覽不同的路由時，就會出現動畫效果：頁面進入時滑入，頁面離開時滑出。

然而，這裡有個小問題。當我們巡覽不同的路徑時，注意到新頁面的內容可能會在前一頁面的內容完成離開動畫並消失之前出現。在這種情況下，我們可以使用值為 out-in 的 mode prop，以確保新內容只有在之前的內容完全從螢幕上消失後才會進入並開始動畫：

```
<router-view v-slot="{ Component }">
    <transition name="slidein" mode="out-in">
        <component :is="Component" />
    </transition>
</router-view>
```

現在，只要我們巡覽到不同的路徑，例如從 / 移動到 /about，About 視圖就會在 Home 視圖消失後才出現。

到此為止，我們已經探討了如何使用 name 和自訂的切換類別建立切換效果。雖然在大多數情況下，這些方法就足以為我們的應用程式使用自訂動畫類別建立流暢的切換效果，但我們可能會發現，在其他情況下，我們希望使用第三方 JavaScript 動畫程式庫來獲得更好的切換效果。在這種情況下，我們需要一種不同的做法，允許我們使用 JavaScript 插入自訂的動畫控制項。我們將在下一節學習如何做到這一點。

使用 Transition 事件來控制動畫

相對於自訂類別，Vue 為兩個切換元件提供了一些適當的切換事件。這些事件包括：元素進入狀態的 before-enter、enter、after-enter 和 enter-cancelled，以及元素離開狀態的 before-leave、leave、after-leave 和 leave-cancelled。我們可以將這些事件繫結到所需的回呼，並使用 JavaScript 控制切換效果。

舉例來說，我們能用 before-enter、enter、afterEnter 事件來控制頁面切換時的 slidein 動畫效果：

```
<router-view v-slot="{ Component }">
    <transition
    @before-enter="beforeEnter"
    @enter="enter"
    @after-enter="afterEnter"
    :css="false"
    >
        <component :is="Component" />
    </transition>
</router-view>
```

使用 css Prop

使用回呼（callbacks）的做法時，我們可以使用 css prop 停用預設的和任何可能重疊的 CSS 切換類別。

在 script 區段，我們為每個事件定義回呼：

```
import { gsap } from 'gsap'

const beforeEnter = (el: HTMLElement) => {
  el.style.transform = "translateX(20px)";
  el.style.opacity = "0";
};

const enter = (el: HTMLElement, done: gsap.Callback) => {
  gsap.to(el, {
    duration: 1,
    x: 0,
    opacity: 1,
    onComplete: done,
  });
};
```

```
const afterEnter = (el: HTMLElement) => {
  el.style.transform = "";
  el.style.opacity = "";
};
```

在這段程式碼中，我們使用 gsap（GreenSock Animation Platform）程式庫在元素進入 DOM 時製作動畫。我們定義了以下內容：

beforeEnter

設定元素初始狀態的回呼，包括將 opacity 設定為隱藏，並將元素重新定位為距離原點 20px

enter

使用 gsap.to 函式 [1] 為元素製作動畫的回呼

afterEnter

動畫完成後設定元素可見性（visibility）狀態和位置的回呼

同樣地，當元素離開 DOM 時，我們可以使用 before-leave、leave 和 after-leave 事件，用我們選擇的動畫程式庫為元素製作動畫（如滑出效果）。

總結

在本章中，我們學到如何使用切換元件和可用的掛接器來建立從路由到另一個路由的平滑切換效果。我們還學到如何製作群組切換（group transitions）效果，以及如何使用切換元件為區段中的元素製作動畫。

在下一章中，我們將探索 Web 開發的另一個重要面向：測試（testing）。我們會學到如何使用 Vitest 測試 composables（可組合掛接器），以及使用 Vue Test Utils 程式庫測試元件，然後使用 Playwright 為我們的應用程式發展完整的端到端測試（end-to-end testing）計畫。

1　此函式接收目標元素和包含所有動畫特性的選擇性物件。請參閱 *https://oreil.ly/XNgFb*。

第十一章

Vue 中的測試

至此，我們已經學到如何使用不同的 Vue API 從零開始開發出完整的 Vue 應用程式。我們的應用程式現在已經準備好部署了，但在那之前，我們需要確保我們的應用程式沒有錯誤，可以投入生產。這就是測試（testing）的作用。

測試對於任何應用程式的開發都至關重要，因為它有助於在將程式碼釋出到生產環境之前提升對於程式碼的信心和品質。在本章中，我們會學習不同類型的測試以及如何在 Vue 應用程式中使用它們。我們還將探索各種工具，如用於單元測試的 Vitest 和 Vue Test Utils，以及用於端到端（end-to-end，E2E）測試的 PlaywrightJS。

單元測試和 E2E 測試簡介

軟體開發有手動和自動測試兩種實務做法和技巧，以確保應用程式如預期執行。手動測試需要測試人員與軟體進行人工互動，成本可能很高，而自動測試主要是以自動化的方式執行預先定義的測試指令稿（test script），其中包含一組測試。自動測試集合可以驗證從簡單到更複雜的應用場景，從單一函式到不同部分的組合。

自動測試比手工測試更可靠、更具規模可擴充性，前提是我們有正確編寫測試，並執行以下測試過程：

單元測試（*Unit testing*）

軟體開發中最常見、最低階的測試。我們使用單元測試來驗證執行特定動作的程式碼單元（或程式碼區塊），如函式（functions）、掛接器（hooks）和模組（modules）。我們可以將單元測試與測試驅動開發（test-driven development，TDD）[1] 結合起來，作為一種標準的開發實務做法。

整合測試（*Integrating testing*）

這種類型的測試驗證不同單元程式碼區塊的整合情況。整合測試旨在斷言邏輯函式、元件或模組的流程正確。元件測試（component testing）將測試與其內部邏輯整合為單元測試。我們還會模擬（mock）大多數上游服務和測試範疇之外的其他函式，以確保測試品質。

端到端（*End-to-end*，*E2E*）測試

軟體開發中最高階的測試。我們使用 E2E 測試來驗證從客戶端到後端的整個應用程式流程，通常是透過模擬實際的使用者行為。E2E 測試中不會有任何模擬服務或函式，因為我們要測試的是整個應用程式流程。

測試驅動開發（TDD）是指首先設計和編寫測試案例（紅色階段），然後修改程式碼以通過測試（綠色階段），最後改善程式碼實作（重構階段）。這有助於在實際開發之前驗證邏輯和設計。

如圖 11-1 所示，這三種測試類型構成了測試金字塔（pyramid of testing），其中焦點應該主要放在單元測試上，然後是整合測試，E2E 測試的數量則是最少，因為它主要是為了確保合理性，而且觸發成本可能很高。由於我們建立的應用程式是由任意元件、服務和模組所組成的，因此對每個單獨的函式或功能進行單元測試就足以保證源碼庫（codebase）的品質，而且成本和工作量也最少。

作為應用程式測試系統的主要基礎，我們首先使用 Vitest 進行單元測試。

---

[1] 如果你是 TDD 的新手，請從 Saleem Siddiqui 所著的《*Learning Test-Driven Development*》（O'Reilly）開始學習。繁體中文版《*Test-Driven Development 學習手冊*》由碁峰資訊出版。

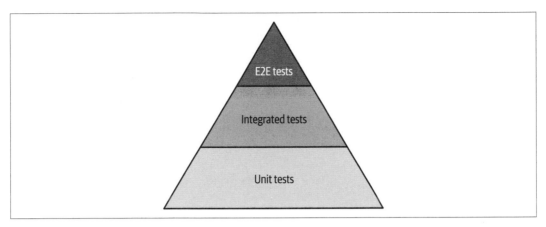

圖 11-1　測試金字塔

作為單元測試工具的 Vitest

Vitest（*https://oreil.ly/1upy0*）是基於 Vite 的單元測試執行器（test runner），適用於以 Vite 驅動的專案。其 API 與 Jest 和 Chai 相似，但提供更模組化的測試方法。Vitest 注重速度和開發人員體驗，提供多項重要功能，包括多緒工作者（multithreading workers）、TypeScript 和 JSX 支援，以及針對 Vue 和 React 等框架的元件測試。

要使用 Vitest，我們需要將其作為開發依存關係（dev dependency）安裝到專案中：

```
yarn add -D vitest
```

然後在 `package.json` 檔案中，我們可以新增一道指令稿命令，以便在觀察模式（watch mode）下執行測試：

```
"script": {
    "test": "vitest"
}
```

 又或者，在 Vue 專案初始化過程中，我們可以選擇安裝 Vitest 作為單元測試工具（第 9 頁的「創建一個新的 Vue 應用程式」），Vite 將負責其餘部分，包括一些入門用的範例測試。

在終端機（或命令列）中執行 yarn test 命令後，Vitest 會自動偵測專案目錄中名稱包含 .spec. 或 .test. 模式的測試檔案。舉例來說，useFetch 掛接器的測試檔案將是 useFetch.spec.ts 或 useFetch.test.ts。無論何時，只要你變更了任何測試檔案，Vitest 都會在本地環境中重新執行測試。

使用帶有額外命令的 *vitest*

你可以為 vitest 命令指定模式（mode），例如 vitest watch 用於明確的觀察模式，vitest run 用於一次性執行所有測試。在持續整合（continuous integration，CI）環境中單獨使用 vitest 命令時，Vite 會自動切換到一次性執行模式。

我們可以使用下一節中的命令參數或 Vite 組態檔 vite.config.js 進一步自訂 Vitest 的設定。

使用參數和組態檔設置 Vitest

預設情況下，Vitest 將使用專案資料夾作為其當前目錄開始掃描測試。我們可以將資料夾路徑作為引數傳入給測試命令，指定 Vitest 要檢查的目標資料夾，例如原始碼 src 目錄中的 tests 資料夾：

```
"script": {
    "test": "vitest --root src/tests"
}
```

在本章中，我們將把測試放在 tests 資料夾底下，測試檔名慣例為 <test-file-name.test>.ts（如 myComponent.test.ts）。

我們還可以將檔案路徑作為引數傳入給 yarn test 命令，指定要執行的測試檔案：

```
yarn test src/tests/useFetch.test.ts
```

此命令在處理檔案並希望只對該測試檔案啟用觀察模式時非常方便。

我們還需要將 environment 參數設定為 jsdom（JSDOM[2]），作為 Vue 專案的 DOM 環境執行器（environment runner）：

```
"script": {
    "test": "vitest --root src/tests --environment jsdom"
}
```

若沒設定環境，Vitest 將使用預設環境 node，那並不適合測試 UI 元件和互動。

我們也可以修改 vite.config.js 檔案來設定我們的 Vitest 執行器，使用帶有相關特性 root 和 environment 的 test 欄位，而不是使用命令參數：

```
export default defineConfig({
  /** 其他設定 */
  test: {
    environment: 'jsdom',
    root: 'src/tests
  }
})
```

你還需要在這個檔案中使用 <reference> 標記新增對 Vitest 的參考，方法是在 vite.config.ts 檔案頂端新增下列這行：

```
/// <reference types="vitest" />
```

如此一來，Vite 就會知道我們使用 Vitest 作為測試執行器，並會在組態檔案中為 test 欄位提供相關的型別定義，以便進行 TypeScript 型別檢查。

我們還可以在整個專案中為 Vitest API 開啟全域模式（global mode），這樣就不需要在測試檔案中明確匯入 vitest 套件的任何函式。我們可以在 vite.config.ts 中啟用 test 物件的 globals 旗標來做到這點：

```
/// <reference types="vitest" />
/*... 匯入 ...*/

export default defineConfig({
  /** 其他設定 */
  test: {
    environment: 'jsdom',
    root: 'src/tests
    globals: true,
  }
})
```

2　JSDOM 是開放原始碼程式庫，可充當實作 Web 標準的無外殼瀏覽器（headless browser），為測試任何 Web 相關程式碼提供模擬環境。

啟用 globals 後，為了讓 TypeScript 能夠偵測到 Vitest API 可作為全域值使用，我們需要再執行一個步驟：在 tsconfig.json 檔案的 type 陣列中新增 vitest/globals 型別定義：

```
//tsconfig.json
"compilerOptions": {
  "types": ["vitest/globals"]
}
```

有了這些設定，我們就可以開始編寫測試了。

撰寫你的第一個測試

遵循 TDD 的做法，讓我們從簡單的測試開始，檢查根據給定字串和陣列元素的特性 key 來過濾陣列的函式是否有照預期運作。

我們將在 src/tests 資料夾中建立新檔案 filterArray.test.ts，並在 src/utils 資料夾中建立另一個檔案 filterArray.ts。filterArray.ts 應該匯出函式 filterArray，該函式接收三個引數，即型別為 ArrayObject 的要過濾的原始陣列、一個 string 特性 key 和要據以進行過濾的 string 詞彙（term），並以 ArrayObject 型別回傳過濾後的元素：

```
type ArrayObject = { [key: string]: string };

export function filterArray(
  array: ArrayObject[],
  key: string,
  term: string
): ArrayObject[] {
  // 過濾陣列的程式碼
  return [];
}
```

 { [key: string]: string } 是具有一個 string 鍵值（key）和一個 string 值的物件型別。使用型別進行指定而非使用泛型的 Object（類似於使用 any），可避免向函式傳入錯誤物件型別的潛在臭蟲。

在 filterArray.test.ts 檔案中，我們將匯入 filterArray 函式並對其功能進行建模。我們會使用 @vitest 套件中的 it() 方法和 expect() 分別定義單一測試案例並斷言預期結果：

```
import { it, expect } from '@vitest'
import { filterArray } from '../utils/filterArray'

it('should return a filtered array', () => {
  expect()
})
```

 若在 vite.config.ts 檔案中有將 globals 設為 true 或在命令列中有使用 --globals 參數，我們就可以移除 import { it, expect } from '@vitest' 那一行。

it() 方法接收代表測試案例名稱的字串（should return a filtered array）、包含要執行的測試邏輯的函式，以及選擇性的等待測試完成的逾時時間。預設情況下，測試的逾時時間為 5 秒。

現在，我們可以實作第一個測試案例的測試邏輯。我們還假設我們有一個 pizzas 串列，需要根據含有 Hawaiian 的 title 進行篩選：

```
import { it, expect } from '@vitest'
import { filterArray } from '../utils/filterArray'

const pizzas = [
  {
    id: "1",
    title: "Pina Colada Pizza",
    price: "10.00",
    description:
      "A delicious combination of pineapple, coconut, and coconut milk.",
    quantity: 1,
  },
  {
    id: "4",
    title: "Hawaiian Pizza",
    price: "11.00",
    description:
      "A delicious combination of ham, pineapple, and pineapple.",
    quantity: 5,
  },
  {
    id: "5",
    title: "Meat Lovers Pizza",
    price: "13.00",
    description:
      "A delicious combination of pepperoni, sausage, and bacon.",
```

```
      quantity: 3,
    },
  ]

  it('should return a filtered array', () => {
    expect(filterArray(pizzas, 'title', 'Hawaiian'))
  })
```

expect() 回傳一個測試實體（test instance），其中包含各種修飾詞（modifiers，如 not、resolves、rejects）以及 toEqual 和 toBe 之類的匹配器函式（matcher functions）。toEqual 會對目標物件進行深層比較以確定是否相等，而 toBe 則會對記憶體中目標值的實體參考（instance reference）進行額外檢查。在大多數情況下，使用 toEqual 就足以驗證我們的邏輯，例如檢查回傳值是否與我們想要的陣列相符。我們會像這樣定義我們的目標 result 陣列：

```
const result = [
  {
    id: "4",
    title: "Hawaiian Pizza",
    price: "11.00",
    description:
      "A delicious combination of ham, pineapple, and pineapple.",
    quantity: 5,
  },
]
```

我們修改 pizzas，以確保它在傳入給 filterArray 函式之前有包含 result 的元素：

```
const pizzas = [
  {
    id: "1",
    title: "Pina Colada Pizza",
    price: "10.00",
    description:
      "A delicious combination of pineapple, coconut, and coconut milk.",
    quantity: 1,
  },
  {
    id: "5",
    title: "Meat Lovers Pizza",
    price: "13.00",
    description:
      "A delicious combination of pepperoni, sausage, and bacon.",
    quantity: 3,
  },
  ...result
```

```
]
```

然後，我們使用 .toEqual() 來斷言（assert）預期結果：

```
it('should return a filtered array', () => {
  expect(filterArray(pizzas, 'title', 'Hawaiian')).toEqual(result)
})
```

我們使用 yarn test 命令在觀察模式下執行測試。這個測試會失敗，Vitest 將顯示失敗的
詳細資訊，包括預期結果和實際結果，如圖 11-2 所示。

```
┤ Failed Tests 1 ├
 FAIL  tests/filterArray.test.ts > filterArray > should return a filtered array
AssertionError: expected [] to deeply equal [ { id: '4', …(4) } ]
❯ tests/filterArray.test.ts:35:54
     33| describe('filterArray', () => {
     34|   it('should return a filtered array', () => {
     35|     expect(filterArray(pizzas, 'title', 'Hawaiian')).toEqual(result)
       |                                                      ^
     36|   })
     37| });

  - Expected  - 9
  + Received  + 1

  - Array [
  -   Object {
  -     "description": "A delicious combination of ham, pineapple, and pineapple.",
  -     "id": "4",
  -     "price": "11.00",
  -     "quantity": "5",
  -     "title": "Hawaiian Pizza",
  -   },
  - ]"
  + "Array []"

  ────────────────────────────────────────────────────────────────[1/1]─

 Test Files  1 failed (1)
```

圖 11-2　測試失敗的詳情

TDD 做法的一部分是定義測試，並在實作真正的程式碼之前觀察測試失敗的情況。下一
步就是處理 filterArray 函式，以所需的最少程式碼通過測試。

下面是使用 filter() 和 toLowerCase() 實作 filterArray 的範例：

```
type ArrayObject = { [key: string]: string };

export function filterArray(
  array: ArrayObject[],
  key: string,
```

```
    term: string
): ArrayObject[] {
    const filterTerm = term.toLowerCase();

    return array.filter(
        (item) => item[key].toLowerCase().includes(filterTerm)
    );
}
```

有了這段程式碼，我們的測試就可以通過了（圖 11-3）。

```
                    ✓ tests/filterArray.test.ts (1)

        Test Files  1 passed (1)
             Tests  1 passed (1)
          Start at  12:26:54
          Duration  5ms


        PASS  Waiting for file changes...
              press h to show help, press q to quit
```

圖 11-3　測試通過

此時，你可以建立更多的測試來涵蓋函式的其他應用場景。舉例來說，當鍵值不存在於陣列元素中時（item[key] 為 undefined），或者當 term 不區分大小寫時：

```
it("should return a empty array when key doesn't exist", () => {
    expect(filterArray(pizzas, 'name', 'Hawaiian')).toEqual([])
})

it('should return matching array when term is upper-cased', () => {
    expect(filterArray(pizzas, 'name', 'HAWAIIAN')).toEqual(result)
})
```

在終端機中，你將看到以平面順序顯示的測試和相關名稱（圖 11-4）。

```
        RERUN  tests/filterArray.test.ts x1

      ❯ tests/filterArray.test.ts (3)
        ✓ should return a filtered array
        ✓ should return a empty array when key doesn't exist
        ✗ should return matching array when term is upper-cased
```

圖 11-4　以平面順序顯示測試

隨著檔案中測試數量和測試檔案數量的增加，平面順序可能難以閱讀和理解。為使每個功能都能讀懂，可使用 describe() 將測試分組為邏輯區塊，每個邏輯區塊都有相應的區塊名稱：

```
describe('filterArray', () => {
  it('should return a filtered array', () => {
    expect(filterArray(pizzas, 'title', 'Hawaiian')).toEqual(result)
  })
  it(`should return a empty array when key doesn't exist`, () => {
    expect(filterArray(pizzas, 'name', 'Hawaiian')).toEqual([])
  })

  it('should return matching array when term is upper-cased', () => {
    expect(filterArray(pizzas, 'name', 'HAWAIIAN')).toEqual(result)
  })
})
```

如圖 11-5 所示，Vitest 將以更有條理的階層架構顯示測試。

```
❯ tests/filterArray.test.ts (3)
  ❯ filterArray (3)
    ✓ should return a filtered array
    ✓ should return a empty array when key doesn't exist
    ✗ should return matching array when term is upper-cased
```

圖 11-5　顯示每組測試

我們可以將 pizzas 和 result 移到 describe 區塊內。這樣可以確保這些變數的範疇只在 filterArray 測試組內有關聯。否則，一旦該測試集執行，這兩個變數就會出現在全域測試範疇中，並可能與其他同名變數重疊，導致不必要的行為。

至此，我們已經學會如何透過 TDD 的做法使用 it()、expect() 為函式撰寫測試，並以 describe() 進行分組。如果我們了解函式的所有應用場景，那麼 TDD 做法就會非常方便，但對於初學者來說，適應和遵循這種做法可能具有挑戰性。請考慮將 TDD 和其他做法結合起來，而不是依循單一的過程。

你也可以用 test() 代替 it()，assert() 代替 expect()。雖然其名稱應該以「should do something（應該做些什麼）」開頭，代表連貫的句子（例如「it should return a filtered array」），但 test 可以是任何有意義的名稱。

由於 Vue 中的 composables（可組合掛接器）是使用 Vue Composition API 的 JavaScript
函式，因此使用 Vitest 測試它們非常簡單。接下來，我們將從非生命週期的可組合掛接
器開始，探討如何編寫 composables 的測試。

測試非生命週期的可組合掛接器

我們將從組合函式 useFilter 開始，它將回傳包含以下變數的物件：

filterBy

> 要過濾的鍵值（key）

filterTerm

> 要藉以進行過濾的詞彙（term）

filteredArray

> 過濾好的陣列

order

> 過濾好的陣列的順序（order），預設值為 asc

它接受反應式的陣列 arr、key 和 term，作為要過濾的陣列、要過濾的鍵值（key）和用
以過濾的詞彙（term）之初始值。

useFilter 的實作如下：

```
/** composables/useFilter.ts */
import { ref, computed, type Ref } from 'vue'

type ArrayObject = { [key: string]: string };

export function useFilter(
  arr: Ref<ArrayObject[]>,
  key: string,
  term: string
) { ❶
  const filterBy = ref(key) ❷
  const filterTerm = ref(term)
  const order = ref('asc')

  const filteredArray = computed(() => ❸
    arr.value.filter((item) =>
```

```
      item[filterBy.value]?.toLowerCase().includes(
        filterTerm.value.toLowerCase())
    ).sort((a, b) => {
      if (order.value === 'asc') {
        return a[filterBy.value] > b[filterBy.value] ? 1 : -1
      } else {
        return a[filterBy.value] < b[filterBy.value] ? 1 : -1
      }
    })
  );

  return {
    filterBy,
    filterTerm,
    filteredArray,
    order,
  }
}
```

❶ 將 arr 宣告為 ArrayObject 的反應式 Ref 型別，並將 key 和 term 宣告為 string 型別

❷ 用 ref() 建立 filterBy、filterTerm 和 order，並設定初始值

❸ 將 filteredArray 建立為 computed()，對 filterBy、filterTerm、order 和 arr 的變化做出反應

在 tests/ 資料夾中，我們建立了檔案 useFilter.test.ts，用於測試 useFilter，其設定如下：

```
import { useFilter } from '@/composables/useFilter'

const books = [
  {
    id: '1',
    title: 'Gone with the wind',
    author: 'Margaret Mitchell',
    description:
    'A novel set in the American South during the Civil War and Reconstruction',
  },
  {
    id: '2',
    title: 'The Great Gatsby',
    description:
      'The story primarily concerns the mysterious millionaire Jay Gatsby',
    author: 'F. Scott Fitzgerald',
  },
  {
```

```
      id: '3',
      title: 'Little women',
      description: 'The March sisters live and grow in post-Civil War America',
      author: 'Louisa May Alcott',
    },
]

describe('useFilter', () => {
})
```

由於 books 是常數陣列，而不是 Vue 的反應式物件，因此在我們的測試案例中，我們將使用 ref() 對其進行封裝，以啟用其反應性，然後再將其傳入給函式進行測試：

```
import { useFilter } from '@/composables/useFilter'
import { ref } from 'vue'

const books = ref([
  //...
]);

const result = [books.value[0]]
```

我們還根據 books 陣列值宣告了預期的 result。現在，就能編寫我們的第一個反應性測試案例，其中我們斷言 useFilter 函式在 filterTerm 變化時會回傳更新過的已過濾陣列：

```
it(
  'should reactively return the filtered array when filterTerm is changed',
  () => {
  const { filteredArray, filterTerm } = useFilter(books, 'title', '');

  filterTerm.value = books.value[0].title;
  expect(filteredArray.value).toEqual(result);
})
```

執行測試時，測試應該會通過，輸出結果如圖 11-6 所示。

```
✓ tests/useFilter.test.ts (1)

 Test Files  1 passed (1)
      Tests  1 passed (1)
   Start at  12:28:32
   Duration  628ms (transform 36ms, setup 0ms, collect 58ms, tests 2ms)
```

圖 11-6　useFilter 的所有測試都通過了

我們可以用同樣的做法繼續編寫 filterBy 和 order 的測試案例，這樣就可以對 useFilter 進行全面的測試。在這個 useFilter 的範例中，我們斷言了在幕後使用 ref 和 computed 的一個 composable（可組合掛接器）。我們可以將相同的斷言實務做法套用到具有類似 API 的 composables（如 watch、reactive、provide 等）。不過，對於使用 onMounted、onUpdated、onUnmounted 等的 composables，我們要使用不同的做法來測試它們，這將在下文中討論。

使用生命週期掛接器測試 Composables

接下來的可組合掛接器 useFetch 使用 onMounted 從 API 擷取資料：

```
/** composables/useFetch.ts */
import { ref, onMounted } from 'vue'

export function useFetch(url: string) {
  const data = ref(null)
  const error = ref(null)
  const loading = ref(true)

  const fetchData = async () => {
    try {
      const response = await fetch(url);

      if (!response.ok) {
        throw new Error(`Failed to fetch data for ${url}`);
      }

      data.value = await response.json();
    } catch (err: any) {
      error.value = err.message;
    } finally {
      loading.value = false;
    }
  };

  onBeforeMount(fetchData);

  return { data, error, loading }
}
```

此函式接收 url 參數；在掛載元件之前從給定的 url 擷取資料；相應地更新資料、錯誤並載入那些值；然後回傳它們。由於這個 composable 仰賴元件生命週期中的 onBeforeMount 來擷取資料，因此我們必須建立 Vue 元件並模擬掛載過程來進行測試。

為此，我們可以使用 vue 套件的 createApp，並建立會在其 setup 掛接器中使用 useFetch 的元件和 app：

```
/** tests/useFetch.test.ts */
import { createApp, type App } from 'vue'

function withSetup(composable: Function): [any, App<Element>] {
    let result;

    const app = createApp({
        setup() {
            result = composable();
            return () => {};
        },
    });

    app.mount(document.createElement("div"));

    return [result, app];
}
```

withSetup 函式接受一個 composable，並回傳一個陣列，其中包含那個 composable 的執行 result（結果）和所創建的 app 實體。這樣，我們就可以在所有測試案例中使用 withSetup 來模擬用到 useFetch 的元件的建立過程：

```
import { useFetch } from '@/composables/useFetch'

describe('useFetch', () => {
  it('should fetch data from the given url', async () => {
    const [result, app] = withSetup(() => useFetch('your-test-url'));

    expect();
  });
});
```

但是，這裡有個問題。useFetch 使用 fetch API 來擷取資料；出於下列這些因素，在測試中使用實際的 API 並不是良好的實務做法：

• 如果 API 出現故障或 URL 無效，測試就會失敗。

• 如果 API 執行緩慢，測試就會失敗。

因此，我們需要模擬（mock）fetch API，使用 vi.spyOn 方法來模擬回應：

```
import { vi } from 'vitest'

const fetchSpy = vi.spyOn(global, 'fetch');
```

我們可以把 fetchSpy 宣告放在 describe 區段，以確保這個 spy 與其他測試集有所隔離。
而在 beforeEach 掛接器中，我們需要在使用 mockClear() 方法執行測試案例之前重置每
個模擬的實作和值：

```
describe('useFetch', () => {
  const fetchSpy = vi.spyOn(global, 'fetch');

  beforeEach(() => {
    fetchSpy.mockClear();
  });

  it('should fetch data from the given url', async () => {
    //...
  });
})
```

來編寫測試吧。首先，使用 mockResolvedValueOnce 方法模擬 fetch API，以回傳成功的
回應：

```
it('should fetch data from the given url', async () => {
  fetchSpy.mockResolvedValueOnce({
    ok: true,
    json: () => Promise.resolve({ data: 'test' }),
  } as any);

  const [result, app] = withSetup(() => useFetch('your-test-url'));
});
```

在那之後，我們就可以斷言 result 的資料值等於模擬資料：

```
it('should fetch data from the given url', async () => {
  //...

  const [result, app] = withSetup(() => useFetch('your-test-url'));

  expect(result?.data.value).toEqual({ data: 'test' });
});
```

我們也可以預期（expect）透過 toHaveBeenCalledWith 方法以給定的 url 呼叫 fetch：

```
it('should fetch data from the given url', async () => {
  //...

  expect(fetchSpy).toHaveBeenCalledWith('your-test-url');
});
```

最後，我們需要卸載 app，以清理測試環境：

```
it('should fetch data from the given url', async () => {
  //...
  await app.unmount();
});
```

此時，我們預期測試能成功通過。遺憾的是，測試仍然會失敗。原因在於，雖然 fetch API 是非同步的，但元件的生命週期掛接器 beforeMount 卻不是。該掛接器的執行可能會在 fetch API 解析之前結束，導致 data 值保持不變（圖 11-7）。

```
FAIL  tests/useFetch.test.ts > useFetch > should fetch data from the given url
AssertionError: expected null to deeply equal { data: 'test' }
❯ tests/useFetch.test.ts:37:36
    35|         const [result, app] = withSetup(() => useFetch('your-test-url'));
    36|
    37|         expect(result?.data.value).toEqual({ data: 'test' });
      |                                      ^
    38|         expect(fetchSpy).toHaveBeenCalledWith('your-test-url');
    39|

  - Expected  - 3
  + Received  + 1

  - Object {
  -   "data": "test",
  - }"
  + "null"
```

圖 11-7　useFetch 測試失敗

要解決這個問題，我們需要另一個套件 Vue Test Utils（@vue/test-utils）的幫助，它是 Vue 官方的測試工具程式庫（*https://oreil.ly/dZILU*）。該套件提供一系列的工具方法，可幫忙測試 Vue 元件。我們將從該套件匯入並使用 flushPromises，以便在斷言 data 值之前等待 fetch API 剖析完成：

```
import { flushPromises } from '@vue/test-utils'

it('should fetch data from the given url', async () => {
  //...

  await flushPromises();

  expect(result.data.value).toEqual({ data: 'test' });
});
```

測試應該成功通過（圖 11-8）。

```
                    ✓ tests/useFetch.test.ts (1)

         Test Files  1 passed (1)
              Tests  1 passed (1)
           Start at  13:18:00
           Duration  602ms (transform 67ms,
```

圖 11-8　通過 useFetch 的測試

你也可以在呼叫 `flushPromises` 之前斷言 `loading` 值：

```
it('should change loading value', async () => {
  //...

  expect(result.loading.value).toBe(true);

  await flushPromises();

  expect(result.loading.value).toBe(false);
});
```

模擬 fetch API 的另一個好處是，我們可以使用 `mockRejectedValueOnce` 方法模擬失敗的回應，並測試我們 composable 的錯誤處理邏輯：

```
it('should change error value', async () => {
  fetchSpy.mockRejectedValueOnce(new Error('test error'));

  const [result, app] = withSetup(() => useFetch('your-test-url'));

  expect(result.error.value).toBe(null);

  await flushPromises();

  expect(result.error.value).toEqual(new Error('test error'));
});
```

就是這樣了。你可以將相同的模擬做法套用到應用程式中的外部測試 API，或模擬已測試過的任何依存函式，從而降低測試集的複雜性。我們已經成功地使用 Vitest 和 Vue Test Utils 測試了我們的 useFetch 方法。

接下來，我們將探討如何使用 Vitest 和 Vue Test Utils 測試 Vue 元件。

使用 Vue Test Utils 測試元件

Vue 引擎使用 Vue 元件的組態來建立和管理瀏覽器 DOM 上的元件實體更新。測試元件意味著我們將測試元件在 DOM 上的描繪結果。我們在 vite.config.ts 中將 test.environment 設定為 jsdom，以模擬瀏覽器環境，這在執行測試的 Node.js 環境中並不存在。我們還使用 @vue/test-utils 套件中的 mount、shallowMount 等方法來幫忙掛載元件，並斷言從虛擬 Vue 節點到 DOM 元素的描繪結果。

我們來看看範例 11-1 中的 PizzaCard.vue 元件。

範例 11-1　PizzaCard 元件

```
<template>
  <article class="pizza--details-wrapper">
    <img :src="pizza.image" :alt="pizza.title" height="200" width="300" />
    <p>{{ pizza.description }}</p>
    <div class="pizza--inventory">
      <div class="pizza--inventory-stock">Stock: {{ pizza.quantity || 0 }}</div>
      <div class="pizza--inventory-price">$ {{ pizza.price }}</div>
    </div>
  </article>
</template>
<script setup lang="ts">
import type { Pizza } from "@/types/Pizza";
import type { PropType } from "vue";

const props = defineProps({
  pizza: {
    type: Object as PropType<Pizza>,
    required: true,
  },
});
</script>
```

我們會建立測試檔案 tests/PizzaCard.test.ts，以測試該元件。我們將從 @vue/test-utils 匯入 shallowMount 方法，以掛載檔案中的元素。shallowMount 函式接收兩個主要引數：要掛載的 Vue 元件，以及其中包含掛載元件用的附加資料（如 prop 的值、stubs 等）的一個物件。下面的程式碼展示了測試檔案看起來的樣子以及 pizza prop 的初始值：

```
/** tests/PizzaCard.test.ts */
import { shallowMount } from '@vue/test-utils';
import PizzaCard from '@/components/PizzaCard.vue';
```

```
describe('PizzaCard', () => {
  it('should render the pizza details', () => {
    const pizza = {
      id: 1,
      title: 'Test Pizza',
      description: 'Test Pizza Description',
      image: 'test-pizza.jpg',
      price: 10,
      quantity: 10,
    };

    const wrapper = shallowMount(PizzaCard, {
      props: {
        pizza,
      },
    });

    expect();
  });
});
```

使用 *shallowMount vs.* 使用 *mount*

shallowMount 方法是包在 mount 方法外圍的包裹器（wrapper），其 shallow 旗標處於啟用狀態。最好使用 shallowMount 方法來描繪和測試元件，而無須關心其子元件。若想測試子元件，請使用 mount 方法。

shallowMount 方法會回傳一個 Vue 實體 wrapper，其中包含一些輔助方法，讓我們可以模仿 UI 與元件進行的互動。有了這個包裹器實體後，就能編寫我們的斷言。舉例來說，我們可以使用 find 方法找到帶有類別 pizza--details-wrapper 的 DOM 元素，並斷言其存在：

```
/** tests/PizzaCard.test.ts */
//...

expect(wrapper.find('.pizza--details-wrapper')).toBeTruthy();
```

同樣地，我們可以使用 text() 方法斷言 .pizza--inventory-stock 和 .pizza--inventory-price 元素的文字內容：

```
/** tests/PizzaCard.test.ts */
//...

expect(
  wrapper.find('.pizza--inventory-stock').text()
```

```
).toBe(`Stock: ${pizza.quantity}`);
expect(wrapper.find('.pizza--inventory-price').text()).toBe(`$ ${pizza.price}`);
```

shallowMount 方法還提供 html 特性，用於斷言元件的 HTML 描繪結果。然後，我們就能使用 toMatchSnapshot 測試元素的 HTML 快照（snapshot）：

```
/** tests/PizzaCard.test.ts */

expect(wrapper.html()).toMatchSnapshot();
```

執行測試時，測試引擎將建立快照檔案 PizzaCard.test.ts.snap，並儲存元件的 HTML 快照。下次測試執行時，Vitest 將根據現有快照驗證元件的 HTML 描繪，在複雜的 app 開發中確保元件的穩定性。

使用快照

如果更改元件樣板（template），快照測試就會失敗。要解決這個問題，必須使用 yarn test -u 旗標執行測試來更新快照。

由於快照測試的侷限性，你只應將其用於不太可能發生變化的元件。更推薦的方法是在 E2E 測試中使用 PlaywrightJS 測試 HTML 描繪。

從 find() 方法接收到的實體是圍繞 DOM 元素之外的包裹器，其中包含各種用於斷言元素屬性（attributes）和特性（properties）的方法。我們將新增另一個測試案例，使用 attributes() 方法斷言 img 元素的 src 和 alt 特性：

```
/** tests/PizzaCard.test.ts */

describe('PizzaCard', () => {
  it('should render the pizza image and alt text', () => {
    //...

    const wrapper = shallowMount(PizzaCard, {
      props: {
        pizza,
      },
    });

    const img = wrapper.find('img')

    expect(img.attributes().alt).toEqual(pizza.title);
    expect(img.attributes().src).toEqual(pizza.image);
  });
});
```

我們把 pizza.title 改為 Pineapple pizza 這段文字，使測試失敗。如圖 11-9 所示，測試將會失敗並顯示此訊息。

```
─────────────────────────────────────── Failed Tests 1 ───────────────

 FAIL  tests/PizzaCard.test.ts > PizzaCard > should render the pizza details
AssertionError: expected 'Test Pizza' to deeply equal 'Pineapple pizza'
 › tests/PizzaCard.test.ts:27:34
     25|        const img = wrapper.find('img')
     26|
     27|        expect(img.attributes().alt).toEqual("Pineapple pizza")
       |                                      ^
     28|      });
     29|

    - Expected    "Pineapple pizza"
    + Received    "Test Pizza"
```

圖 11-9　對於影像替代文字（alt text）之斷言失敗了

如截圖所示，接收到的值是 Test Pizza，以紅色突顯（圖 11-9 倒數第 1 行），而預期值則為綠色（圖 11-9 倒數第 2 行）。我們還知道了失敗的原因：「expected 'Test Pizza' to deeply equal 'Pineapple pizza'」，並帶有指向測試失敗程式行的指標。有了這些資訊，我們就能快速修補測試或檢查我們的實作，以確保預期行為正確無誤。

斷言元件互動和資料通訊的其他實用方法有 DOM 包裹器實體的 trigger() 方法和包裹器實體的 emitted()。我們將修改 PizzaCard 元件的實作，加上「Add to cart」按鈕，並測試該按鈕的行為。

測試元件的互動和事件

我們將在 PizzaCard 元件中新增以下程式碼，以建立新的「Add to cart」按鈕：

```
/** src/components/PizzaCard.vue */

<template>
  <section v-if="pizza" class="pizza--container">
    <!-- ... -->
    <button @click="addCart">Add to cart</button>
  </section>
</template>
<script lang="ts" setup>
//...
const emits = defineEmits(['add-to-cart'])
```

```
const addCart = () => {
  emits('add-to-cart', { id: props.pizza.id, quantity: 1 })
}
</script>
```

此按鈕接受 click 事件,該事件會觸發 addCart 方法。addCart 方法將發出以 pizza.id 和新的數量(quantity)作為承載(payload)的 add-to-cart 事件。然後,我們可以透過斷言發出的事件及其承載來測試 addCart 方法。首先,我們會使用 find() 方法尋找該按鈕,然後使用 trigger() 方法觸發 click 事件:

```
/** tests/PizzaCard.test.ts */

describe('PizzaCard', () => {
  it('should emit add-to-cart event when add to cart button is clicked', () => {
    //...

    const wrapper = shallowMount(PizzaCard, {
      props: {
        pizza,
      },
    });

    const button = wrapper.find('button');
    button.trigger('click');
  });
});
```

我們將執行 wrapper.emitted() 函式來接收所發射事件的一個映射(map),其中鍵值(key)是事件名稱,而值(value)是接收到的承載陣列。除事件名稱外,每個承載都是傳入給 emits() 函式的引數陣列。舉例來說,當我們發出帶有承載 { id: 1, quantity: 1 } 的 add-to-cart 事件,所發出的事件將會是 { *add-to-cart*: [[{ id: 1, quantity: 1 }]] }。

現在,我們可以用下列程式碼斷言所發出的事件及其承載:

```
/** tests/PizzaCard.test.ts */

describe('PizzaCard', () => {
  it('should emit add-to-cart event when add to cart button is clicked', () => {
    //...

    expect(wrapper.emitted()['add-to-cart']).toBeTruthy();
    expect(wrapper.emitted()['add-to-cart'][0]).toEqual([
      { id: pizza.id, quantity: 1 }
    ]);
  });
});
```

測試使用 *Pinia 儲存區的元件*

你可以使用 @pinia/testing 套件中的 createTestingPinia() 建立測試用的
Pinia 實體，並在掛載時將其作為全域外掛插入元件中。這樣，你就可以
在不模擬儲存區或使用真實儲存區實體的情況下測試元件。

測試如預期成功通過。至此，我們已經涵蓋使用 Vitest 和 Vue Test Utils 對元件和
composables 進行的基本測試。下一節將介紹如何透過 GUI 使用 Vitest。

透過 GUI 使用 Vitest

在某些情況下，檢視終端機（或命令列）輸出可能會很複雜，因此 Graphic User
Interface（GUI，圖形化使用者介面）可能會有所幫助。在這種情況下，Vitest 提供
@vitest/ui 作為命令參數 --ui 的額外依存關係。要開始使用 Vitest UI，需要在終端機使
用以下命令安裝 @vitest/ui：

```
yarn add -D @vitest/ui
```

執行 yarn test --ui 命令時，Vite 將為其 UI app 啟動本地伺服器，並在瀏覽器上開啟
它，如圖 11-10 所示。

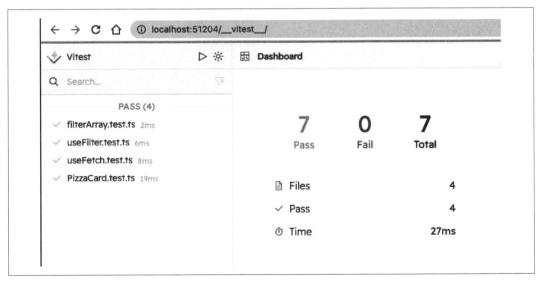

圖 11-10　Vitest UI

在左側窗格中，我們可以看到測試檔案清單及其狀態，並標有相關顏色和圖示。主面儀表板（dashboard）上是測試結果的快速摘要，包括測試次數、通過的測試數和失敗的測試數。我們可以使用左側窗格選擇單個測試，並檢視每個測試案例的報告、其模組圖（module graph）和測試的實作程式碼。圖 11-11 顯示了 PizzaCard 元件的測試報告。

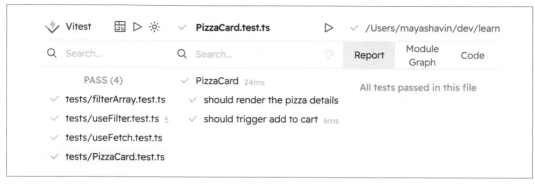

圖 11-11　PizzaCard 元件的 Vitest UI 測試報告

如圖 11-12 所示，你還可以點擊 Run（或 Rerun all）測試圖示，使用 GUI 執行測試。

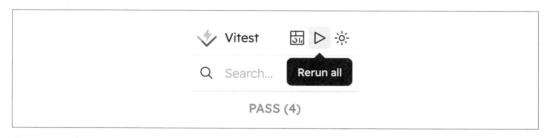

圖 11-12　使用 GUI 執行測試

在某些情況下，使用 GUI 是有益的，但正在開發專案，需要在開發過程中觀察測試時，使用 GUI 也可能分散你的注意力。在這種情況下，使用終端機可能會是更好的選擇，要審閱測試結果，你可以選擇 GUI 或測試涵蓋率執行器（test coverage runner），我們將在下文討論。

搭配涵蓋率執行器來使用 Vitest

撰寫測試很簡單，但要知道我們是否編寫了足夠多的測試來涵蓋測試目標的所有應用場景，就不那麼容易了。為了給我們的應用程式建立充分的測試系統，我們使用程式碼涵蓋率（*code coverage*）的實務做法，它可以衡量我們的測試涵蓋了多少程式碼。

有多種工具可用於測量程式碼涵蓋率並生成可理解的報告。最常用的工具之一是 JavaScript 測試涵蓋率工具 Istanbul。透過 Vitest，我們可以使用 @vitest/coverage-istanbul 套件將 Istanbul 整合到我們的測試系統中。要安裝該套件，請在終端機執行以下命令：

```
yarn add -D @vitest/coverage-istanbul
```

安裝套件後，我們可以在 vite.config.ts 檔案中的 test.coverage 區段，將提供者（provider）設定為 istanbul：

```
/** vite.config.ts */
export default defineConfig({
  //...
  test: {
    //...
    coverage: {
      provider: 'istanbul'
    }
  }
})
```

我們還在 package.json 中添加了新的指令稿命令，用於執行帶有涵蓋率報告的測試：

```
{
  //...
  "scripts": {
    //...
    "test:coverage": "vite test --coverage"
  }
}
```

當我們使用 yarn test:coverage 命令執行測試時，會看到終端機中顯示的涵蓋率報告（coverage reports），如圖 11-13 所示。

```
 ---------------|----------|----------|----------|----------|------------------
 File           | % Stmts  | % Branch | % Funcs  | % Lines  | Uncovered Line #s
 ---------------|----------|----------|----------|----------|------------------
 All files      |   83.87  |       20 |    88.88 |    83.87 |
  components     |     100  |       50 |      100 |      100 |
   PizzaCard.vue |     100  |       50 |      100 |      100 | 6
  composables    |   78.26  |     12.5 |    83.33 |    78.26 |
   useFetch.ts   |   84.61  |       50 |      100 |    84.61 | 13,18
   useFilter.ts  |      70  |        0 |       75 |       70 | 14-17
  utils          |     100  |      100 |      100 |      100 |
   filterArray.ts|     100  |      100 |      100 |      100 |
 ---------------|----------|----------|----------|----------|------------------
```

圖 11-13　終端機中的覆寫報告

Istanbul 報告工具會在測試執行過程顯示每個檔案中你的測試所涵蓋的程式碼百分比，並將其分為四類：述句（statements）、分支（branches）、函式（functions）和程式行（lines）。它還會在最後一欄告知你未涵蓋的程式碼之行號。舉例來說，在圖 11-13 的 composables/useFetch.ts 中，我們在 *Uncovered Lines* 欄中看到 13、18，這表明我們對該檔案的測試沒有涵蓋第 13 行和第 18 行的程式碼。

不過，終端機報告並不總是很好讀。為此，Istanbul 還將在 vite.config.ts 中定義的 test.root 目錄或專案根目錄下產生一個 coverage 資料夾。此資料夾包含涵蓋率的 HTML 報告，以 index.html 表示。你可以在瀏覽器中開啟該檔案，檢視更美觀、更易讀的涵蓋率報告，如圖 11-14 所示。

All files

83.87% Statements `26/31`　**20%** Branches `2/10`　**88.88%** Functions `8/9`　**83.87%** Lines `26/31`

Press *n* or *j* to go to the next uncovered block, *b*, *p* or *k* for the previous block.

Filter: [＿＿＿＿＿＿＿＿]

File ▲	⇕	Statements	⇕	⇕	Branches	⇕	⇕	Functions	⇕	Lines	⇕	⇕
components		100%	6/6		50%	1/2		100%	1/1	100%	6/6	
composables		78.26%	18/23		12.5%	1/8		83.33%	5/6	78.26%	18/23	
utils		100%	2/2		100%	0/0		100%	2/2	100%	2/2	

圖 11-14　HTML 版的涵蓋率報告

如果你將 root 設定為 src/tests 資料夾，則應將其改為 src。否則，Istanbul 無法定位和分析原始碼檔案的涵蓋率。

HTML 版本依照資料夾和檔案顯示測試涵蓋率，第一欄 *File* 顯示其名稱。第二欄是進度條（progress bar），用顏色顯示每個檔案的涵蓋率（例如，圖 11-14 中表格第一列的綠色進度條表示完全涵蓋；第二列的黃色進度條表示部分涵蓋，而紅色表示未達到可接受的涵蓋率等級，在此並未顯示）。其他欄位以述句、分支、函式和程式行為單位顯示涵蓋率細目。

我們可以點選各個資料夾的名稱，檢視該資料夾內每個檔案的明細報告，如圖 11-15 中的 */composables*。

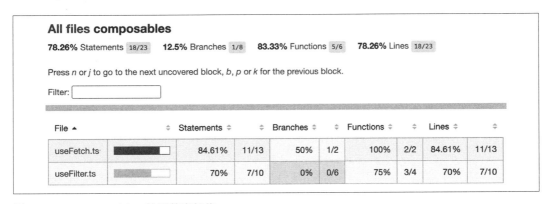

圖 11-15　composables 的涵蓋率報告

如圖 11-16 所示，你可以點選每個檔案名稱，檢視用紅色突顯（第 13 行和第 18 行）的未測試程式碼行，以及某一行被涵蓋的次數（如 3x）。

```
All files / composables useFetch.ts
84.61% Statements  11/13    50% Branches  1/2    100% Functions  2/2    84.61% Lines  11/13
Press n or j to go to the next uncovered block, b, p or k for the previous block.


   1         import { ref, onBeforeMount } from 'vue'
   2                          statement not covered
   3         export function useFetch(url: string) {
   4    1x      const data = ref(null)
   5    1x      const error = ref(null)
   6    1x      const loading = ref(true)
   7
   8    1x      const fetchData = async () => {
   9    1x        try {
  10    1x          const response = await fetch(url);
  11
  12    1x          I if (!response.ok) {
  13                  throw new Error(`Failed to fetch data for ${url}`);
  14                }
  15
  16    1x          data.value = await response.json();
  17              } catch (err: any) {
  18                error.value = err.message;
  19              } finally {
  20    1x          loading.value = false;
  21              }
  22            };
  23
  24    1x      onBeforeMount(fetchData);
  25
  26    1x      return { data, error, loading }
  27          }
```

圖 11-16　useFetch 的涵蓋率報告

在觀察模式下，HTML 版的報告也是互動式的，也就是說，修改程式碼或測試時，它會自動更新涵蓋率報告。這種機制在開發過程中非常方便，因為你可以即時看到涵蓋率報告的變化。

我們還可以使用 vite.config.ts 中的 test.coverage 區段為每一類設定涵蓋率門檻值（coverage threshold）：

```
/** vite.config.ts */

export default defineConfig({
  //...
  test: {
    //...
    coverage: {
      provider: 'istanbul',
```

```
        statements: 80,
        branches: 80,
        functions: 80,
        lines: 80
      }
    }
  })
```

在這段程式碼中，我們將每一類的涵蓋率門檻值設定為 80%。如果任何類型的涵蓋率低於這個門檻值，測試就會失敗，並顯示錯誤訊息，如圖 11-17 所示。

```
Test Files  4 passed (4)
     Tests  7 passed (7)
  Start at  13:26:17
  Duration  839ms (transform 585ms, setup 0ms, collect 850ms, tests 34ms)

% Coverage report from istanbul
-------------------|---------|----------|---------|---------|--------------------
File               | % Stmts | % Branch | % Funcs | % Lines | Uncovered Line #s
-------------------|---------|----------|---------|---------|--------------------
All files          |   83.87 |       20 |   88.88 |   83.87 |
 components         |     100 |       50 |     100 |     100 |
  PizzaCard.vue     |     100 |       50 |     100 |     100 | 6
 composables        |   78.26 |     12.5 |   83.33 |   78.26 |
  useFetch.ts       |   84.61 |       50 |     100 |   84.61 | 13,18
  useFilter.ts      |      70 |        0 |      75 |      70 | 14–17
 utils              |     100 |      100 |     100 |     100 |
  filterArray.ts    |     100 |      100 |     100 |     100 |
-------------------|---------|----------|---------|---------|--------------------
ERROR: Coverage for branches (20%) does not meet global threshold (80%)
```

圖 11-17　測試未達到涵蓋率門檻值時出現的錯誤

程式碼涵蓋率對測試至關緊要，因為它提供基準，可以幫助你保護程式碼不出現臭蟲，並確保應用程式的品質。然而，它只是幫助你管理測試的工具，你仍然需要編寫良好的測試來確保程式碼品質和標準。

設定門檻值

盡量將涵蓋率門檻值保持在 80% 到 85% 之間。如果設定超過 85%，可能會矯枉過正。若低於 80%，則可能過低，因為你可能會遺漏一些導致應用程式出現錯誤的邊緣案例。

我們已經探討了使用 Vitest 和其他工具（如用於 Vue 限定測試的 Vue Test Utils 和程式碼涵蓋率的 Istanbul）進行的單元測試。我們將進入下一個測試層級，學習如何使用 PlaywrightJS 為應用程式編寫 E2E 測試。

使用 PlaywrightJS 進行端到端測試

PlaywrightJS（*https://oreil.ly/sIUKp*），或稱為 Playwright，是快速、可靠的跨瀏覽器端到端測試框架（end-to-end testing framework）。除 JavaScript 外，它還支援 Python、Java 和 C# 等程式語言。它也支援 WebKit、Firefox 和 Chromium 等多種瀏覽器描繪引擎（rendering engines），使我們能在跨瀏覽器環境中對同一源碼庫執行測試。

要開始使用 Playwright，請執行以下命令：

```
yarn create Playwright
```

Yarn 將執行 Playwright 的建立指令稿，並有提示詢問測試位置（e2e）、是否要安裝 GitHub Actions 作為 CI/CD 的管線工具（pipeline tool），以及是否要安裝 Playwright 瀏覽器。圖 11-18 顯示了在應用程式中初始化 Playwright 的組態範例。

```
[############################################################################
###################] 427/427Getting started with writing end-to-end tests with Playwright:
Initializing project in '.'
✔ Where to put your end-to-end tests? · e2e
✔ Add a GitHub Actions workflow? (y/N) · false
✔ Install Playwright browsers (can be done manually via 'yarn playwright install')? (Y/n) · true
Installing Playwright Test (yarn add --dev @playwright/test)…
yarn add v1.22.19
```

圖 11-18　透過提示初始化 Playwright

初始化過程結束後，我們會在專案根目錄下看到新的 e2e 資料夾，其中包含一個 example.spec.ts 檔案。此外，Playwright 還會為我們的專案生成組態檔案 playwright. config.ts，用相關套件修改 package.json，並產生另一個 test-examples 資料夾，其中含有用到 Playwright 的 todo（待辦事項）元件測試範例。

現在就可以在 package.json 中加入新的指令稿命令，使用 Playwright 執行我們的 E2E 測試：

```
"scripts": {
  //...
  "test:e2e": "npx playwright test"
}
```

同樣地，我們可以新增以下命令，為我們的測試產生涵蓋率報告：

```
"scripts": {
  //...
  "test:e2e-report": "npx playwright show-report"
}
```

預設情況下，Playwright 自帶 HTML 涵蓋率報告產生器（coverage reporter），測試執行期間若有任何測試失敗，該報告產生器就會執行。我們可以嘗試使用這些命令執行測試，並檢視通過的範例測試。

檢視 playwright.config.ts，看看它包含了什麼：

```
import { defineConfig, devices } from '@playwright/test';

/** playwright.config.ts */
export default defineConfig({
  testDir: './e2e',
  fullyParallel: true,
  forbidOnly: !!process.env.CI,
  retries: process.env.CI ? 2 : 0,
  workers: process.env.CI ? 1 : undefined,
  reporter: 'html',
  use: {
    trace: 'on-first-retry',
  },
  projects: [
    {
      name: 'chromium',
      use: { ...devices['Desktop Chrome'] },
    },
    {
      name: 'webkit',
      use: { ...devices['Desktop Safari'] },
    },
  ]
})
```

組態檔案會匯出由 defineConfig() 方法根據一套組態選項所建立的實體，組態選項中帶有下列的主要特性：

testDir

儲存測試的目錄。我們通常在初始化過程中定義它（在我們的例子中為 e2e）。

projects

用於執行測試的瀏覽器專案（browser projects）清單。我們可以從相同的 @playwright/test 套件匯入 devices，並選擇相關的設定來定義供 Playwright 使用的瀏覽器組態，舉例來說，devices[*Desktop Chrome*] 就用於 Chromium 瀏覽器。

worker

執行測試的平行工作者（parallel workers）數量。當我們有許多測試，需要平行執行以加快測試程序時，這個功能會很有幫助。

use

測試執行器的組態物件，包括選擇性的 baseURL 作為基礎 URL，以及重試時為失敗的測試啟用追蹤記錄（trace recording）。

其他特性可視需要自訂 Playwright 測試執行器。請參閱 Playwright 說明文件（*https://oreil.ly/nXapE*）中完整的組態選項清單。

我們將保持檔案原樣，並為應用程式編寫我們的第一個 E2E 測試。我們前往 vite. config.ts，確保本地伺服器組態如下：

```
//...
export default defineConfig({
  //...
  server: {
    port: 3000
  }
})
```

藉由將通訊埠設定為 3000，我們可以確保本地 URL 始終都會是 *http://localhost:3000*。接下來，我們將在 e2e 資料夾中建立新的 E2E 測試檔案，檔名為 PizzasView.spec.ts，專門用於測試「*/pizzas*」頁面。「*/pizzas*」頁面使用 PizzasView 視圖元件顯示披薩清單，其樣板如下：

```
<template>
  <div class="pizzas-view--container">
    <h1>Pizzas</h1>
    <input v-model="search" placeholder="Search for a pizza" />
    <ul>
      <li v-for="pizza in searchResults" :key="pizza.id">
        <PizzaCard :pizza="pizza" />
      </li>
    </ul>
  </div>
```

```
</template>
<script lang="ts" setup>
import { usePizzas } from "@/composables/usePizzas";
import PizzaCard from "@/components/PizzaCard.vue";
import { useSearch } from "@/composables/useSearch";

const { pizzas } = usePizzas();
const { search, searchResults }: PizzaSearch = useSearch({
  items: pizzas,
  defaultSearch: '',
});
</script>
```

我們想為此頁面編寫測試。跟 Vitest 一樣,首先用 test.describe() 區塊包裹測試檔案,並從 @playwright/test 套件匯入 test。然後,我們使用 test.beforeEach() 掛接器確保測試執行器在測試頁面內容之前總是會巡覽到目標頁面:

```
/** e2e/PizzasView.spec.ts */
import { expect, test } from '@playwright/test';

test.describe('Pizzas View', () => {
  test.beforeEach(async ({ page }) => {
    await page.goto('http://localhost:3000/pizzas');
  });
});
```

我們還使用 test.afterEach() 掛接器確保完成測試後有關閉頁面:

```
/** e2e/PizzasView.spec.ts */

test.describe('Pizzas View', () => {
  //...

  test.afterEach(async ({ page }) => {
    await page.close();
  });
});
```

現在可以開始為頁面編寫我們的第一個測試,例如檢查頁面標題。我們可以使用 page.locator() 方法定位頁面元素。在此例中,它是 h1 元素,我們斷言其內容為文字 Pizzas:

```
/** e2e/PizzasView.spec.ts */

test.describe('Pizzas View', () => {
  //...
```

```
test('should display the page title', async ({ page }) => {
  const title = await page.locator('h1');
  expect(await title.textContent()).toBe('Pizzas');
});
});
```

我們可以使用 yarn test:e2e 命令執行測試，並看到測試通過（圖 11-19）。

圖 11-19　測試報告顯示通過了使用 Playwright 的 E2E 測試

很好！我們可以為檔案新增更多測試，例如檢查搜尋功能。我們可以使用標記名稱（tag name）或 data-testid 屬性找到搜尋用的 input 元素，後者是一種更好的做法。要使用 data-testid 屬性，我們需要將其新增到 PizzasView 元件樣板的 input 中：

```
<input
  v-model="search"
  placeholder="Search for a pizza"
  data-testid="search-input"
/>
```

然後，我們可以在新測試中使用 data-testid 屬性找到該元素，並在其中 fill（填入）搜尋詞 Hawaiian：

```
/** e2e/PizzasView.spec.ts */

test.describe('Pizzas View', () => {
  //...

  test('should search for a pizza', async ({ page }) => {
    const searchInput = await page.locator('[data-testid="search-input"]');

    await searchInput.fill('Hawaiian');
  });
});
```

要斷言搜尋結果，我們前往 PizzaCard 實作，並在容器元素中新增 data-testid 屬性，其值為 pizza.title：

```
<!-- src/components/PizzaCard.vue -->
<template>
  <article class="pizza--details-wrapper" :data-testid="pizza.title">
    <!--...-->
  </article>
</template>
```

回到我們的 PizzasView.spec.ts 檔案，我們可以透過頁面上包含搜尋詞的 data-testid 屬性斷言披薩卡片的可見性：

```
/** e2e/PizzasView.spec.ts */

test.describe('Pizzas View', () => {
  //...
  test('should search for a pizza', async ({ page }) => {
    const searchInput = await page.locator('[data-testid="search-input"]');

    await searchInput.fill('Hawaiian');

    expect(await page.isVisible('[data-testid*="Hawaiian"]')).toBeTruthy();
  });
});
```

我們可以重新執行測試集，看到測試通過了（圖 11-20）。

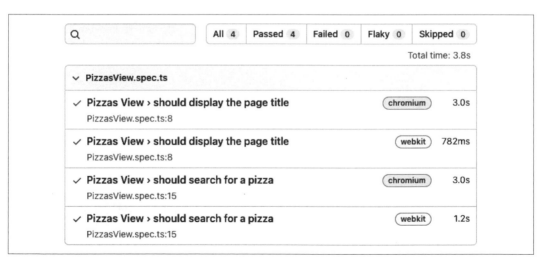

圖 11-20　測試報告顯示搜尋測試通過了

我們還能點選報告中顯示的每個測試，以檢視測試詳情，包括測試步驟、執行時間以及在目標瀏覽器環境中執行測試時出現的任何錯誤（圖 11-21）。

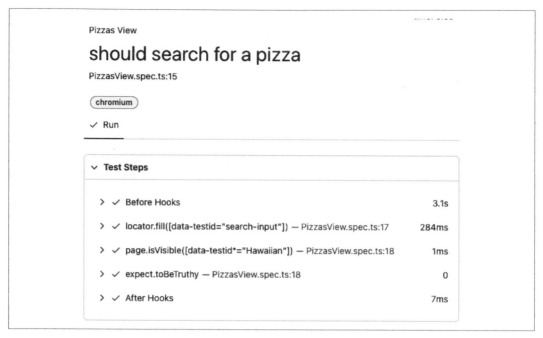

圖 11-21　Chromium 上單次測試執行的詳細報告

 你必須為 page.isVisible() 方法使用 await，因為它會回傳一個 Promise。
否則，測試將失敗，因為 Playwright 將在 isVisible() 回傳結果之前執行
斷言。

我們編輯一下搜尋測試，將搜尋詞改為 Cheese 而不是 Hawaiian，從而使測試失敗：

```
/** e2e/PizzasView.spec.ts */

test.describe('Pizzas View', () => {
  //...
  test('should search for a pizza', async ({ page }) => {
    const searchInput = await page.locator('[data-testid="search-input"]');

    await searchInput.fill('Cheese');

    expect(await page.isVisible('[data-testid*="Hawaiian"]')).toBeTruthy();
  });
```

```
    });
```

我們可以重新執行測試集，看看測試是否失敗（圖 11-22）。

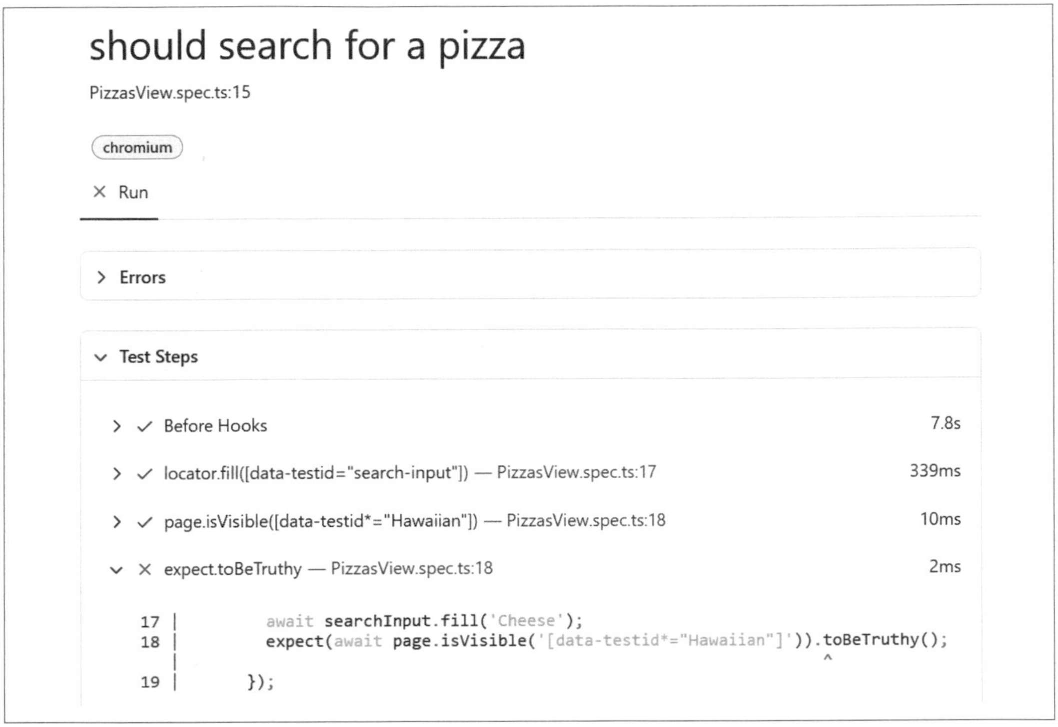

should search for a pizza

PizzasView.spec.ts:15

(chromium)

× Run

> Errors

∨ Test Steps

   > ✓ Before Hooks   7.8s

   > ✓ locator.fill([data-testid="search-input"]) — PizzasView.spec.ts:17   339ms

   > ✓ page.isVisible([data-testid*="Hawaiian"]) — PizzasView.spec.ts:18   10ms

   ∨ × expect.toBeTruthy — PizzasView.spec.ts:18   2ms

```
17 |        await searchInput.fill('Cheese');
18 |        expect(await page.isVisible('[data-testid*="Hawaiian"]')).toBeTruthy();
   |                                                                 ^
19 |    });
```

圖 11-22　測試報告顯示搜尋測試失敗

報告顯示了測試在哪個步驟失敗，來對它進行除錯吧。

使用 VSCode 的 Playwright 測試擴充功能除錯 E2E 測試

我們可以安裝 Playwright Test for VSCode 擴充功能（*https://oreil.ly/9zlFB*）來除錯失敗的測試。如圖 11-23 所示，該擴充功能將在 VSCode 的 Testing 分頁上新增另一個區段，並自動偵測專案中相關的 Playwright 測試。

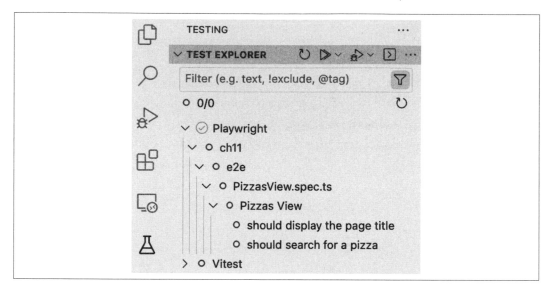

圖 11-23　Testing 分頁顯示專案中的 Playwright 測試

我們可透過這個視圖上可用的動作執行多個測試或單個測試。我們還可以新增斷點
（breakpoints，以紅點表示）來除錯目標測試（圖 11-24）。

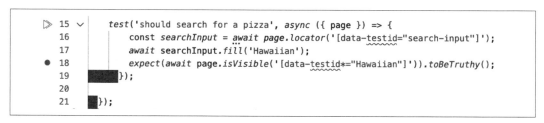

圖 11-24　新增斷點以除錯測試

要開始除錯，請在 Test Explorer 窗格中找到搜尋測試，然後點擊「Debug」圖示（圖 11-
25）。懸停在「Debug」圖示上將顯示「Debug Test」文字。

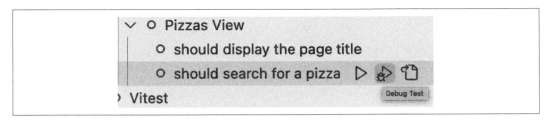

圖 11-25　在除錯模式下執行測試

執行時期，Playwright 會開啟瀏覽器視窗（如 Chromium）並執行測試步驟。一旦測試執行器到達斷點，它就會停止，等待我們手動繼續執行。然後，我們可以將滑鼠懸停在變數上查看它們的值，或前往測試瀏覽器以檢視那些元素（圖 11-26）。

圖 11-26　除錯搜尋測試

剩下的工作就是修復測試並繼續除錯，直到測試通過為止。

我們已經學會了如何使用 Playwright 建立基本的 E2E 測試，以及如何藉助外部工具對它們進行除錯。Playwright 還提供許多其他功能，例如根據與應用程式的實際互動產生測試，或使用 @axe-core/playwright 套件進行可及性測試（accessibility testing）。請看看其他功能，了解 Playwright 如何幫助你為應用程式建立更好的 E2E 測試。

總結

本章介紹了測試的概念以及如何使用 Vitest 作為 Vue 應用程式的單元測試工具。我們學到如何使用 Vitest 和 Vue Test Utils 為元件和 composables 編寫基本測試，以及如何使用涵蓋率執行器（coverage runner）和 Vitest UI 等外部套件來獲得更好的 UI 體驗。我們還探討了如何使用 PlaywrightJS 建立 E2E 測試，以對整個應用程式的程式碼保有信心。

第十二章

Vue.js 應用程式的
持續整合和持續部署

上一章向我們展示如何為 Vue 應用程式設置測試，從使用 Vite 進行單元測試到使用 Playwright 的 E2E 測試。應用程式有了適當的測試涵蓋率之後，我們就可以進入下一步：部署（deployment）。

本章會為你介紹 CI/CD 的概念，以及如何使用 GitHub Actions 為 Vue 應用程式設置 CI/CD 管線（pipeline）。我們還將學習如何使用 Netlify 作為應用程式的部署和託管平台（hosting platform）。

軟體開發中的 CI/CD

持續整合（continuous integration，CI）和持續交付（continuous delivery，CD）是兩種軟體開發實務做法的結合，旨在加快和穩定軟體的開發和交付過程。CI/CD 包括透過自動整合、測試來有效監控軟體生命週期，以及持續部署軟體、投入生產的程序。

CI/CD 為軟體開發帶來了許多好處，包括：

- 藉由自動部署更快地交付軟體
- 加強不同團隊之間的協作
- 透過自動測試提高軟體品質
- 以更敏捷的方法更快地回應錯誤和軟體問題

簡而言之，CI/CD 包含三個主要概念：持續整合（continuous integration）、持續交付（continuous delivery）和持續部署（continuous deployment），當它們結合在一起時，就形成了穩健的軟體開發程序，稱為 CI/CD 管線（圖 12-1）。

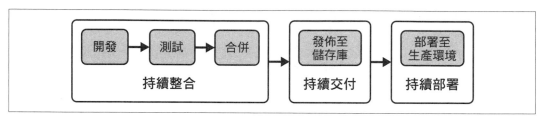

圖 12-1　CI/CD 管線

持續整合

持續整合（continuous integration）讓開發人員能夠在獨立工作的同時，頻繁地將程式碼整合到共用的儲存庫（repository）中。每次程式碼整合（或合併），我們都會使用應用程式的自動建置和不同層級的自動測試系統進行驗證。如果新舊版程式碼之間存在衝突，或者新程式碼存在任何問題，我們都能迅速發現並進行修補。持續整合的標準工具包括 Jenkins、CircleCI 和 GitHub Actions，我們將在第 305 頁的「搭配 GitHub Actions 的 CI/CD 管線」中討論這些工具。

持續交付

持續整合成功後的下一步就是持續交付（continuous delivery）。持續交付會自動將經過驗證的應用程式碼釋出到共用儲存庫，使其準備好部署以投入生產。持續交付需要持續整合，因為它假定程式碼總是經過驗證的。它還包括另一系列的自動測試和發佈自動化（release automation）。

持續部署

持續部署是 CI/CD 管線的最後一步，它將經過驗證的程式碼自動部署到生產環境中。它在很大程度上仰賴於經過良好測試的源碼庫自動化系統（automation system for the codebase）。持續部署是 CI/CD 管線中最進階的步驟。只有某些專案才需要它，尤其是在生產部署前需要人工核准的情況下。

CI/CD 管線的三個階段構成了更安全、更靈活的應用程式開發和部署過程。在下一節中，我們將學習如何使用 GitHub Actions 為 Vue 應用程式設定 CI/CD 管線。

搭配 GitHub Actions 的 CI/CD 管線

GitHub Actions 由 GitHub 提供，是跨平台、跨語言、跨雲端的 CI/CD 平台。它簡單易用，對於託管在 GitHub 平台上的專案可免費使用。GitHub Actions 中的每個 CI/CD 管線都含有單個或多個工作流程（workflows），以一個 YAML 檔案表示。每個工作流程都包括一系列作業（jobs），並平行（parallel）或循序（sequentially）執行。每個作業都有一系列的步驟，包含許多循序的動作（actions）。每個動作都是會在指定執行器環境（runner environment）中執行的獨立命令（command）或指令稿（script），請參閱範例 12-1。

範例 *12-1　GitHub* 工作流程檔案範例

```
name: Example workflow
on: [push, pull_request]
jobs:
    first-job:
        steps:
        - name: First step
            run: echo "Hello world"
        - name: Second step
            run: echo "Second step"
    second-job:
        steps:
        - name: First step
            run: echo "Do something in second job."
```

 工作流程檔案採用 YAML 語法。你可以在 GitHub Actions 的工作流程語法說明文件（*https://oreil.ly/uIIkh*）中了解如何使用 YAML 語法。

要開始使用 GitHub Actions，我們將在 Vue 專案目錄下建立名為 `.github/workflows` 的新目錄，其中帶有工作流程檔案 `ci.yml`。這個檔案包含 CI/CD 管線的組態。例如，下面是執行單元測試的簡單工作流程檔案：

```
name: CI for Unit tests
on:
    push:
        branches: [ main ] ❶
    pull_request:
        branches: [ main ] ❷
jobs:
    unit-tests:
```

```
timeout-minutes: 60
runs-on: ubuntu-latest
steps:
- uses: actions/checkout@v3      ❸
- uses: actions/setup-node@v3    ❹
  with:
    node-version: 18
- name: Install dependencies     ❺
  run: npm i
- name: Execute unit tests
  run: npm run test:coverage      ❻
- name: Uploading artifacts      ❼
  uses: actions/upload-artifact@v3
  with:
    name: test-results
    path: test-results/
    retention-days: 30
```

❶ 有對於 main 分支的 push 時將觸發工作流程

❷ 或在有 pull request 要合併（merge）到 main 時觸發

❸ 使用內建的 GitHub Actions actions/checkout 將測試分支 checkout 到執行器環境

❹ 使用內建的 GitHub Actions actions/setup-node 設定 Node.js 18.x 版本的節點環境

❺ 安裝依存關係（dependencies）

❻ 執行具有涵蓋率報告的單元測試

❼ 將測試報告上傳到 GitHub Actions 作為工件（artifacts）

每個作業都是獨立行程（process），不共享相同環境。因此，在其步驟中，我們需要分別為每個作業安裝依存關係。

在 GitHub 上，我們可以巡覽到 Actions 分頁，檢視工作流程的狀態（圖 12-2）。

GitHub 會根據提交（commits）顯示工作流程的狀態和目標分支（main）。然後，我們可以點選作業名稱（job name）來檢視工作流程中每個作業的狀態，比如圖 12-3 中的 *unit-tests* 作業的狀態。

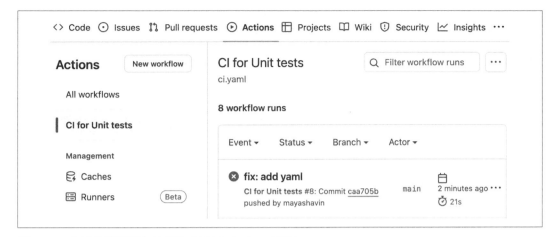

圖 12-2　有工作流程正在執行的 GitHub Actions 頁面

圖 12-3　單元測試作業各步驟的執行狀態

工作流程執行完成後，我們可以看到測試報告被上傳到 Artifacts（工件）區段（圖 12-4）。

圖 12-4　帶有測試報告的 Artifacts 區段

我們還可以點選工作流程名稱來檢視工作流程根據作業劃分的狀態結果（圖 12-5）。

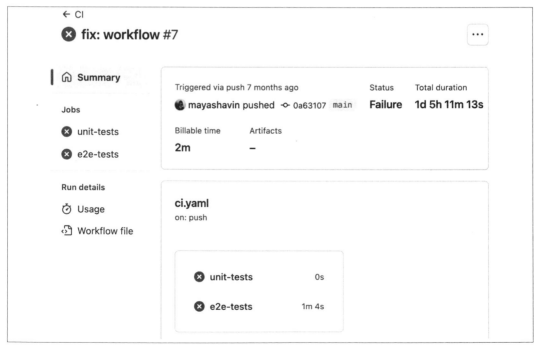

圖 12-5　工作流程狀態頁面

GitHub Actions 會標示任何失敗的作業，並提供失敗情況的摘要注釋。我們還可以點選 *Re-run jobs* 按鈕，重新執行失敗的作業。

就這樣，我們為 Vue 應用程式建立了第一個 CI/CD 管線。此外，你還可以使用 GitHub Actions 官方市場（*https://oreil.ly/ch9V2*）中的可用樣板來建立工作流程，這些樣板內建了對不同程式語言、框架、服務和雲端供應商的支援（圖 12-6）。

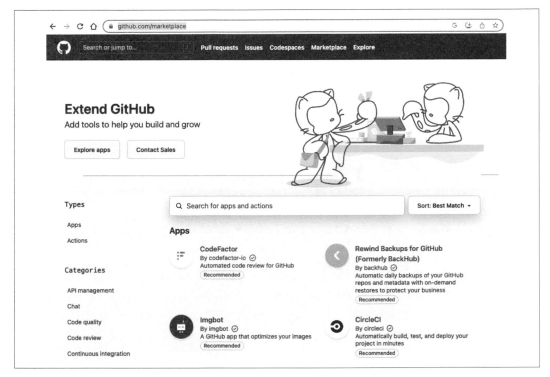

圖 12-6　GitHub Actions 市場（marketplace）

以我們的工作流程範例為基礎，你可以視需要為你的應用程式建立更多工作流程，或擴充當前工作流程以包含更多步驟，如進行部署。在下一節中，我們將學習如何使用 Netlify 為應用程式設置持續部署。

使用 Netlify 的持續部署

Netlify 是雲端平台，為託管現代 Web 應用程式提供廣泛的服務，包括託管（hosting）、無伺服器函式（serverless functions）API 和 CI/CD 整合。它對個人專案免費，同時為商業專案提供慷慨的免費方案[1]。

要在 Netlify 上部署 Vue 專案，我們需要建立 Netlify 帳號（*https://oreil.ly/uLHpQ*）並登入。登入到儀表板（dashboard）後，我們可以前往 *Sites* 分頁，點選 *Add new site* 按鈕，從 GitHub 提供者匯入我們的專案以進行自動部署，或者手動部署（圖 12-7）。

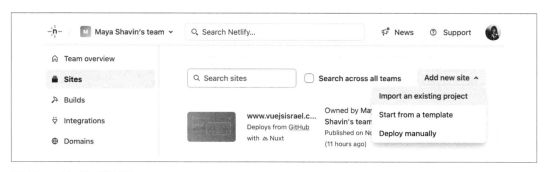

圖 12-7　Netlify 儀表板

接下來，我們為專案選擇 Git 提供者（GitHub），並授權 Netlify 存取我們的 GitHub 帳號。確認無誤後，我們就可以選擇專案的儲存庫（repository），然後點選 Deploy site 按鈕開始部署過程。完成部署後，我們可以在儀表板的 *Site overview* 分頁上檢視我們站點（site）部署的狀態和其他詳細資訊，如 PR 預覽（圖 12-8）。

圖 12-8　Netlify 網站概觀

1　其他替代選擇有 Azure Static Web Apps 應用程式和 Vercel。

部署成功後，Netlify 將提供臨時 URL 以存取應用程式。事實上，你可以巡覽到 *Domain Management* 區段來設定網站的自訂網域（圖 12-9）。

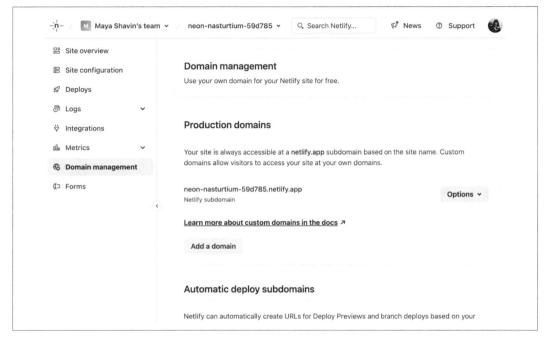

圖 12-9　Netlify 網域設定

預設情況下，一旦整合，Netlify 將在有新提交（commit）合併到 main 分支時自動部署應用程式。此外，它會為每個 pull request 生成預覽組建（preview build）。在此視圖中，你還可以配置其他設定，如建置命令（build command）、持續部署的部署情境（deployment context）以及應用程式的環境變數（environment variables）。Netlify 也提供建置掛接器（build hooks）作為獨特的 URL，透過 HTTP 請求觸發第三方服務（如 Github Actions 工作流程）的建置和部署（圖 12-10）。

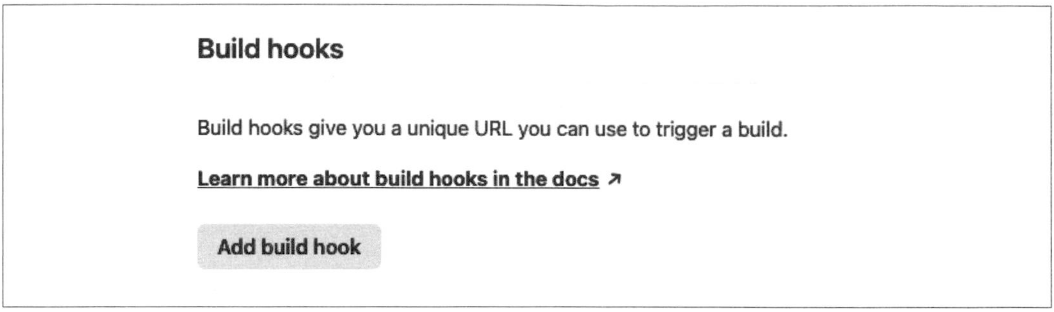

Build hooks

Build hooks give you a unique URL you can use to trigger a build.

Learn more about build hooks in the docs ↗

Add build hook

圖 12-10　Site 設定中建立掛接器的區段

> 你可以在本地使用 `yarn build` 命令手動建置應用程式，然後將 `dist` 資料
> 夾拖放到 Netlify app（*https://oreil.ly/LInwT*）中，以便將應用程式部署到
> Netlify 提供的臨時 URL 上。

使用 Netlify CLI 進行部署

或者，我們也可以使用 `npm install -g netlify-cli` 命令，將 Netlify CLI 作為全域性工具安裝到本地機器上。安裝好 CLI 後，我們就能使用 `netlify init` 命令初始化我們要放在 Netlify 的專案。該命令將提示我們登入相關帳號（GitHub），並準備我們的專案以便部署。初始化並準備就緒後，我們可以執行 `netlify deploy` 命令將專案部署到臨時 URL 上進行預覽，或者執行 `netlify deploy --prod` 命令直接部署到生產環境中。

我們已成功將第一個 Vue 應用程式部署到 Netlify。Netlify 提供的其他進階功能包括無伺服器函式、表單處理（form handling）和分拆測試（split testing）。你可以使用 Netlify 官方說明文件（*https://oreil.ly/6X9F6*）依據專案需求去探索這些功能。

總結

在本章中，我們學到了 CI/CD 的概念，以及如何使用 GitHub Actions 為我們的 Vue 應用程式設置簡單的 CI/CD 流程。我們還學到了 Netlify 以及如何將應用程式自動部署到 Netlify 託管。在下一章中，我們將探索 Vue 生態系統的最後面向，即使用 Nuxt.js 進行伺服器端描繪（server-side rendering，SSR）和生成靜態網站（static site generation，SSG）。

第十三章

使用 Vue 進行伺服器端描繪

在上一章中，我們學到如何設置 Vue 應用程式的完整 CI/CD 管線。我們還學到如何使用 Netlify 部署應用程式投入生產。現在，使用者可以透過 Web 存取我們的應用程式了。至此，我們幾乎完成了學習 Vue 的旅程。本章將探討使用 Vue 的另一個面向，即使用 Nuxt.js 進行伺服器端描繪（server-side rendering）和靜態網站生成（static site generation）。

Vue 中的客戶端描繪

預設情況下，Vue 應用程式用於客戶端描繪（client-side rendering），包含預留位置的 `index.html` 檔案、JavaScript 檔案（通常由 Vite 分塊編譯，以最佳化效能）以及 CSS、圖示、影像等其他檔案，以獲得完整的 UI 體驗。在初始載入時，瀏覽器會向伺服器發出擷取 `index.html` 檔案的請求（request）。作為回應，伺服器將遞送原始的預留位置檔案，通常內含帶有唯一 id 選擇器 `app` 的單一元素，供 Vue 引擎掛載 app 實體之用，以及一個 `script` 標記，指向包含主程式碼的必要 JavaScript 檔案。瀏覽器接收到 HTML 檔案後，就會開始剖析並請求其他資源，如所需的 `main.js` 檔案，然後執行它以相應地描繪其他內容（圖 13-1）。

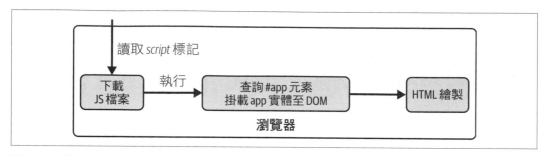

圖 13-1　描繪客戶端 Vue 應用程式的流程

至此，應用程式完成初始化，使用者可以開始與其互動。Vue 將透過內建路由系統動態處理使用者的視圖變更請求（view-changing requests）。然而，若用右鍵點擊頁面並選擇 *View page source*（檢視頁面原始碼），則只能看到原始根 index.html 檔案的程式碼，而看不到目前的 UI 視圖（view）。這種行為可能會帶來問題，尤其是在建置的網站或 app 需要良好的 Search Engine Optimization（SEO，搜尋引擎最佳化）[1] 之時。

此外，在向使用者顯示任何內容之前載入和執行 JavaScript 程式碼的過程可能會讓使用者等待時間過長，原因包括需要下載重量級 JavaScript 檔案、網路速度慢、瀏覽器繪製內容（First Paint）所需的時間較長等。因此，整個過程可能導致緩慢的 Time To Interactive（TTI）[2] 和緩慢的 First Contentful Paint（FCP）[3]。所有這些因素都會影響 app 的整體效能和使用者體驗，而且往往很難解決。

在這種情況下，可能有比客戶端描繪應用程式更好的選擇，比如伺服器端描繪（server-side rendering），也就是我們接下來要探討的。

Server-Side Rendering（SSR）

顧名思義，伺服器端描繪（SSR）會在伺服器端將所有內容編譯成功能完整的 HTML 頁面，然後視需要交付給客戶端（瀏覽器），而不是在瀏覽器上進行處理。

1　SEO（搜尋引擎最佳化）是改善你的 app，使其更容易被搜尋引擎索引（index）在搜尋結果中的過程。
2　使用者可以與頁面進行互動的時間。
3　使用者首次看到內容的時間。

為了開發本地端的 SSR Vue 應用程式，我們需要本地伺服器（local server）來與瀏覽器通訊並處理所有資料請求。為此，我們可以透過以下命令安裝 Express.js [4] 作為專案的依存關係：

```
yarn add express
```

安裝完成後，我們可以直接在專案根目錄底下建立 server.js 檔案，並使用範例 13-1 中的程式碼來設定本地伺服器。

範例 *13-1　本地伺服器的 server.js 檔案*

```
import express from 'express'

const server = express() ❶

server.get('/', (req, res) => { ❷
    res.send(`   ❸
        <!DOCTYPE html>
        <html>
        <head>
            <title>Vue SSR Example</title>
        </head>
        <body>
            <main id="app">Vue SSR Demo</main>
        </body>
        </html>
    `)
})

server.listen(3000, () => { console.log('We are ready to go') }) ❹
```

❶ 創建一個伺服器實體（server instance）。

❷ 為對於入口 URL「/」的任何請求定義處理器（handler）。

❸ 處理器將回傳一個字串，作為在瀏覽器上顯示 *Vue SSR Demo* 的 HTML 頁面。

❹ 我們設定本地伺服器執行並在通訊埠 3000 上聆聽。

在專案根目錄中，我們可以使用 node server.js 命令啟動本地伺服器。伺服器準備就緒後，必須使用 vue 套件的 createSSRApp 方法在伺服器上創建我們的應用程式。舉例來說，我們用範例 13-2 中的程式碼製作一個 Vue 應用程式，在專用檔案 app.js 中顯示帶有當前日期和時間的數位時鐘（digital clock）。

4　Express.js 是 Node.js 的一個 Web 應用程式框架。

```javascript
import { createSSRApp, ref } from 'vue'

const App = { ❶
    template: `
        <h1>Digital Clock</h1>
        <p class="date">{{ date }}</p>
        <p class="time">{{ time }}</p>
    `,
    setup() {
        const date = ref('');
        const time = ref('');

        setInterval(() => {
            const WEEKDAYS = ['SUN', 'MON', 'TUE', 'WED', 'THU', 'FRI', 'SAT'];
            const MONTHS = [
                'Jan', 'Feb', 'Mar',
                'Apr', 'May', 'Jun',
                'Jul', 'Aug', 'Sep',
                'Oct', 'Nov', 'Dev'
            ];

            const currDate = new Date();
            const minutes = currDate.getMinutes();
            const seconds = currDate.getSeconds();
            const day = WEEKDAYS[currDate.getDay()];
            const month = MONTHS[currDate.getMonth()].toUpperCase();

            const formatTime = (time) => {
                return time < 10 ? `0${time}` : time;
            }

            date.value =
                `${day}, ${currDate.getDate()} ${month} ${currDate.getFullYear()}`
            time.value =
                `${currDate.getHours()}:${formatTime(minutes)}:${formatTime(seconds)}`
        }, 1000)

        return {
            date,
            time
        }
    }
}

export function createApp() {
```

```
      return createSSRApp(App) ❷
    }
```

❶ 我們為主應用程式的元件 App 定義選項。

❷ 我們使用 createSSRApp() 在伺服器端以 App 選項建置應用程式。

這個檔案對外開放了單一方法 createApp()，可在伺服器和客戶端使用，並回傳一個準備好掛載的 Vue 實體。

在 server.js 檔案中，我們會使用 app.js 的這個 createApp() 方法創建伺服器端的 app 實體，並使用 vue/server-renderer 套件的 renderToString() 方法將其描繪為 HTML 格式的字串。一旦 renderToString() 以一個內容字串解析完成，我們就會在回傳的回應中用它替換內容，如範例 13-3 所示。

範例 13-3　更新 *server.js* 以將 *app* 實體描繪為 *HTML* 字串

```
import { createApp } from './app.js'
import express from 'express'
import { renderToString } from 'vue/server-renderer';

const server = express()

server.get('/', (req, res) => {
  const app = createApp(); ❶

  renderToString(app).then((html) => {
    res.send(`
    <!DOCTYPE html>
    <html>
      <head>
        <title>Vue SSR Demo - Digital Clock</title>
      </head>
      <body>
        <div id="app">${html}</div> ❷
      </body>
    </html>
    `);
  });
});

server.listen(3000, () => { console.log('We are ready to go') })
```

❶ 使用 createApp() 建立 App 實體。

❷ 將 renderToString() 所產生的 HTML 字串放在以 #app 為其 id 的 div 中。

當我們前往 *http://locahost:3000/* 時，會看到瀏覽器只顯示標題 *Digital Clock*（圖 13-2），而 date 和 time 欄位則是空的。

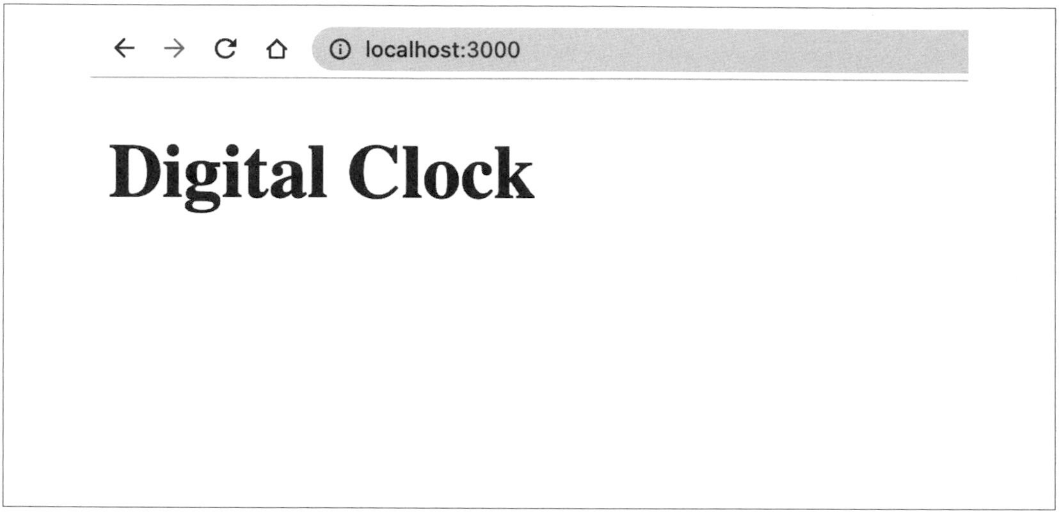

圖 13-2　空的數位時鐘

之所以會出現這種行為，是因為我們只產生了要回傳客戶端的 HTML 靜態程式碼，而瀏覽器中並沒有 Vue 可用。對於任何互動行為來說也是如此，例如 onClick 事件處理器。要解決這種互動問題，我們需要以 hydration 模式掛載 app，讓 Vue 接管靜態 HTML，並在瀏覽器端有 HTML 可用時立即使其成為互動式的動態程式。要這樣做，我們可以定義 entry-client.js，它將使用 app.js 的 createApp() 來取得 app 實體。瀏覽器會執行該檔案，並將 Vue 實體掛載到 DOM 中的正確元素上（範例 13-4）。

範例 *13-4*　在 *hydration* 模式下掛載 *app* 實體的 *entry-client.js* 檔案

```
import { createApp } from './app.js';

createApp().mount('#app');
```

我們還會更新 server.js 檔案，使用 <script> 標記在瀏覽器中載入 entry-client.js 檔案，並在瀏覽器中啟用客戶端檔案的供應（範例 13-5）。

範例 *13-5*　更新 *server.js* 檔案，以在瀏覽器中載入 *entry-client.js* 檔案

```
//...

server.get('/', (req, res) => {
```

```
const app = createApp();

renderToString(app).then((html) => {
  res.send(`
  <!DOCTYPE html>
  <html>
    <head>
      <title>Vue SSR Demo - Digital Clock</title>
      <script type="importmap"> ❶
        {
          "imports": {
            "vue": "https://unpkg.com/vue@3/dist/vue.esm-browser.js"
          }
        }
      </script>
      <script type="module" src="/entry-client.js"></script> ❷
    </head>
    <body>
      <div id="app">${html}</div>
    </body>
  </html>
  `);
  });
});

server.use(express.static('.')); ❸
```

❶ 使用 importmap 載入 vue 套件的原始碼

❷ 使用 \<script\> 標記在瀏覽器中載入 entry-client.js 檔案

❸ 在瀏覽器中啟用客戶端檔案的供應

當我們重新啟動伺服器並重新整理瀏覽器時，就會看到時鐘顯示更新後的日期和時間。

Digital Clock

MON, 24 APR 2023

19:58:41

圖 13-3　數位時鐘

在 SSR 中使用 DOM API 和 Node API

在 SSR 中不能使用 DOM API 和 Web API，因為這些都是僅限瀏覽器的 API。你也不能將 Node API 用於客戶端元件，例如檔案讀取器的 fs。

我們已經學會了如何建立簡單的 SSR Vue 應用程式。然而，當我們需要處理更複雜的應用程式時，例如使用 Vue SFC、程式碼拆分（code splitting）、Vue Router（可能要用到 window API）等，我們可能需要建置一個引擎來處理應用程式的程式碼捆裝（code bundling）、使用正確的捆裝程式碼進行描繪、封裝 Vue Router 使其得以運作等，這可能會是繁瑣的任務。

取而代之，我們可以使用已經提供這種引擎的框架，例如下一節會討論的 Nuxt.js。

使用 Nuxt.js 的伺服器端描繪

Nuxt.js（Nuxt）是基於 Vue 的模組化 SSR 開源框架。它提供許多開箱即用的功能，例如以檔案為基礎的路由系統、效能最佳化、不同的建置模式等，同時注重開發人員的體驗（圖 13-4）。

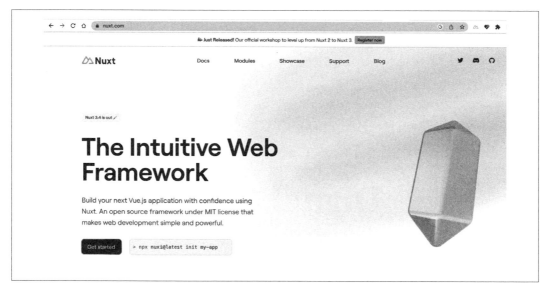

圖 13-4　Nuxt.js 官方網站

作為基於模組的框架，Nuxt 套件是核心，我們可以將其他支援 Nuxt 的模組插入 app，以擴充應用程式的核心功能。你可以在 Nuxt 模組官方說明文件（*https://oreil.ly/hkdnj*）中找到可用的 Nuxt 模組清單，包括用於 SEO、PWA、i18n 等的模組。

> 請訪問 Nuxt 的官方說明文件（*https://oreil.ly/1B2vg*）以了解更多有關其 API 用法、安裝和主要用例的資訊，以供參考。在撰寫本文時，Nuxt 3.4.2 是最新版本。

在本節中，我們將使用 Nuxt 建立第 8 章中介紹的 Pizza House 應用程式。首先，我們將使用以下命令創建一個新的 Nuxt 應用程式：

```
npx nuxi init pizza-house
```

pizza-house 是我們的專案名稱，nuxi 是 Nuxt CLI，它將以下列主要檔案為 Nuxt 應用程式搭建鷹架：

app.vue

　　應用程式的根元件（root component）。

nuxt.config.ts

　　Nuxt 的組態檔案，包括外掛、CSS 路徑、應用程式詮釋資料（metadata）等設定。

> 預設情況下，Nuxt 將建立支援 TypeScript 的應用程式。

Nuxt 還會在 package.json 中建立用於本地建置和執行應用程式的指令稿命令，如範例 13-6 所示。

範例 13-6　*Nuxt 應用程式的 package.json 檔案*

```
"scripts": {
    "build": "nuxt build",
    "dev": "nuxt dev",
    "generate": "nuxt generate",
    "preview": "nuxt preview",
    "postinstall": "nuxt prepare"
},
```

執行 yarn 命令安裝依存關係後，我們可以執行 yarn dev 命令在本地啟動應用程式，並訪問 *http://localhost:3000* 以檢視預設的 Nuxt 初始頁面。

由於 Nuxt 使用 pages 資料夾支援基於檔案的路由（file-based routing），我們現在將於該資料夾底下定義我們的路由系統：

index.vue

應用程式的主頁。Nuxt 會自動將此頁面映射到根路徑（ / ）。

pizzas/index.vue

顯示披薩清單的頁面，路徑為 */pizzas*。

pizzas/[id].vue

這是一個動態內嵌頁面，其中 [id] 是披薩 id 的預留位置，用於顯示披薩的詳細資訊。Nuxt 會自動將此頁面映射到路徑 */pizzas/:id*，例如 */pizzas/1*、*/pizzas/2* 等。

接下來，我們需要用範例 13-7 中的程式碼替換 app.vue 的內容，使路由系統正常工作。

範例 13-7　更新 *app.vue* 以使用 *Nuxt* 的佈局和頁面元件

```
<template>
  <div>
    <NuxtLayout>
      <NuxtPage/>
    </NuxtLayout>
  </div>
</template>
```

NuxtLayout 是應用程式的佈局元件（layout component），而 NuxtPage 是應用程式的頁面元件（page component）。Nuxt 將自動用所定義的頁面和佈局元件替換這些元件。

我們將範例 13-8 中的程式碼新增到 pages/index.vue 中，以顯示主頁。

範例 13-8　*Pizza House* 應用程式的主頁

```
<template>
    <h1>This is the home view of the Pizza stores</h1>
</template>
```

並將範例 13-9 中的程式碼新增到 pages/pizzas/index.vue 中，以顯示披薩清單。

範例 13-9　*Pizza House 應用程式的披薩頁面*

```
<template>
  <div class="pizzas-view--container">
    <h1>Pizzas</h1>
    <ul>
      <li v-for="pizza in pizzas" :key="pizza.id">
        <PizzaCard :pizza="pizza" />
      </li>
    </ul>
  </div>
</template>
<script lang="ts" setup>
import { usePizzas } from "@/composables/usePizzas";
import PizzaCard from "@/components/PizzaCard.vue";

const { pizzas } = usePizzas();
</script>
```

本頁面使用範例 11-1 中的 PizzaCard 元件和 composables/usePizzas.ts 中的 usePizzas 可組合掛接器（composable）來取得披薩的一個串列，並使用範例 13-10 中的程式碼進行顯示。

範例 13-10　*Pizza House 應用程式的 composable*

```
import type { Pizza } from "@/types/Pizza";
import { ref, type Ref } from "vue";

export function usePizzas(): { pizzas: Ref<Pizza[]> } {
  return {
    pizzas: ref([
      {
        id: "1",
        title: "Pina Colada Pizza",
        price: "10.00",
        description:
          "A delicious combination of pineapple, coconut, and coconut milk.",
        image:
        "https://res.cloudinary.com/mayashavin/image/upload/Demo/pina_colada_pizza.jpg",
        quantity: 1,
      },
      {
        id: "2",
        title: "Pepperoni Pizza",
        price: "12.00",
        description:
          "A delicious combination of pepperoni, cheese, and pineapple.",
```

```
    image:
  "https://res.cloudinary.com/mayashavin/image/upload/Demo/pepperoni_pizza.jpg",
    quantity: 2,
  },
  {
    id: "3",
    title: "Veggie Pizza",
    price: "9.00",
    description:
      "A delicious combination of mushrooms, onions, and peppers.",
    image:
  "https://res.cloudinary.com/mayashavin/image/upload/Demo/veggie_pizza.jpg",
    quantity: 1,
    },
  ]),
  };
}
```

當我們使用 yarn dev 執行應用程式時，瀏覽器中將分別顯示主頁（圖 13-5）和披薩頁面
（圖 13-6）。

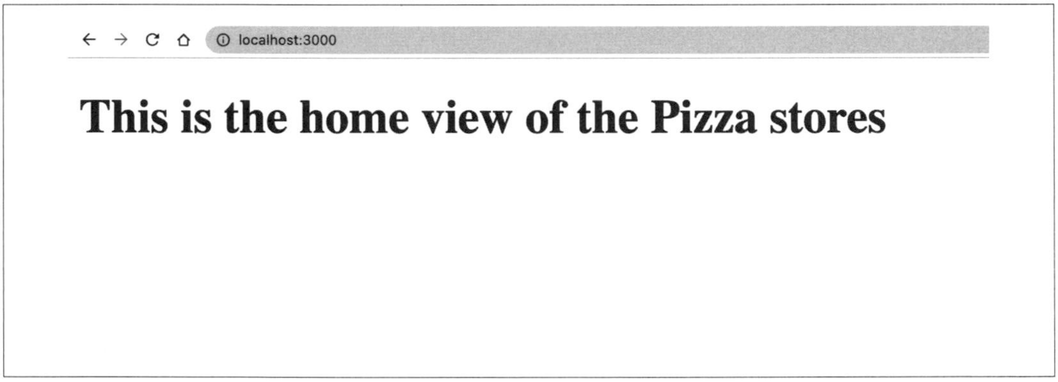

This is the home view of the Pizza stores

圖 13-5　Pizza House 應用程式的主頁

Pizzas

Search for a pizza

Search for a pizza

A delicious combination of pineapple, coconut, and coconut milk.

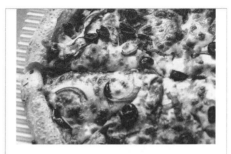

A delicious combination of pepperoni, cheese, and pineapple.

圖 13-6　Pizza House 應用程式的披薩頁面

現在，我們將在 pages/pizzas/[id].vue 中新增範例 13-11 中的程式碼，從而實作披薩詳細資訊的頁面。

範例 *13-11*　披薩詳情元件

```
<template>
  <section v-if="pizza" class="pizza--container">
    <img :src="pizza.image" :alt="pizza.title" width="500" />
    <div class="pizza--details">
      <h1>{{ pizza.title }}</h1>
      <div>
        <p>{{ pizza.description }}</p>
        <div class="pizza-stock--section">
          <span>Stock: {{ pizza.quantity || 0 }}</span>
          <span>Price: ${{ pizza.price }}</span>
        </div>
      </div>
    </div>
  </section>
  <p v-else>No pizza found</p>
</template>
```

```
<script setup lang="ts">
import { usePizzas } from "@/composables/usePizzas";

const route = useRoute(); ❶

const { pizzas } = usePizzas();

const pizza = pizzas.value.find(
    (pizza) => pizza.id === route.params.id ❷
);
</script>
```

❶ 使用 Vue Router 中的全域可組合掛接器 useRoute 取得目前路由的資訊。

❷ route.params.id 是 URL 中披薩的 id。

當我們前往 /pizzas/1，瀏覽器中將顯示披薩的詳細資訊頁面（圖 13-7）。

圖 13-7　id 為 1 的披薩之詳細資訊頁面

  與普通的 Vue 應用程式不同，我們不能將路由參數 id 映射到 PizzaDetails 元件的 id prop。取而代之，我們需要使用 useRoute 可組合掛接器來擷取當前路由的資訊，包括其參數。

接下來，我們將為應用程式實作帶有導覽列（navigation bar）的預設佈局。我們將建立新檔案 layouts/default.vue，其中包含範例 13-12 中的程式碼。

範例 13-12　*Pizza House 應用程式的預設佈局*

```html
<template>
    <nav>
        <NuxtLink to="/">Home</NuxtLink> ❶
        <NuxtLink to="/pizzas">Pizzas</NuxtLink>
    </nav>
    <main>
        <slot /> ❷
    </main>
</template>
<style scoped>
nav {
    display: flex;
    gap: 20px;
    justify-content: center;
}
  </style>
```

❶ NuxtLink 是用於描繪連結元素（link elements）的 Nuxt 元件，類似於 Vue Router 中的 RouterLink。

❷ <slot /> 是描繪頁面內容的插槽元素（slot element）。

Nuxt 會用預設佈局替換 NuxtLayout，我們就會看到瀏覽器中顯示的導覽列（圖 13-8）。

圖 13-8　Pizza House 應用程式的預設佈局

我們也可以在 layouts 中建立不同的佈局檔案，並將想要的佈局檔案名稱傳入給 NuxtLayout 的 name 這個 prop。Nuxt 將根據其值選擇合適的佈局元件進行描繪。舉例來說，我們可以用範例 13-13 中的程式碼建立新的佈局檔案 layouts/pizzas.vue。

範例 13-13　*Pizza House 應用程式的披薩佈局*

```
<template>
    <h1>Pizzas Layout</h1>
    <main>
        <slot />
    </main>
</template>
```

在 app.vue 中，我們將有條件地把佈局名稱傳入給 NuxtLayout 的 name prop（範例 13-14）。

範例 13-14　*為 PizzaDetails 元件使用披薩佈局*

```
<template>
    <NuxtLayout :name="customLayout">
        <NuxtPage />
    </NuxtLayout>
</template>
<script setup lang="ts">
import { computed } from "vue";

const customLayout = computed(
    () => {
      const isPizzaLayout = useRoute().path.startsWith("/pizzas/");
      return isPizzaLayout ? 'pizzas' : 'default';
    }
);
</script>
```

當我們前往 */pizzas/1*，會看到以 layouts/pizzas 佈局描繪的披薩細節頁面（圖 13-9）。

> 除 pages 結構外，應用程式結構的其餘部分都與普通 Vue 應用程式相同。
> 因此，將 Vue 應用程式轉換為 Nuxt 應用程式非常簡單。

使用 SSR，我們可以達成更快的初始頁面載入和更好的 SEO，因為瀏覽器接收到的是我們 app 完全充填好的 HTML 檔案。不過，SSR 的缺點之一是，與使用單頁面應用程式（single-page application）的客戶端描繪方法相比，每次重新整理瀏覽器時，應用程式都需要完全重新載入[5]。

5　單頁面應用程式是一種無須重新載入整個頁面即可用新資料動態替換當前視圖（view）的方法。

Pizzas Layout

Pina Colada Pizza

A delicious combination of pineapple, coconut, and coconut milk.

Stock: 1　　　Price: $10.00

圖 13-9　使用自訂佈局描繪的披薩詳細資訊頁面

此外，由於 SSR 需要先在伺服器上動態充填頁面內容，然後再將頁面內容檔案回傳給瀏覽器，因此會導致頁面描繪延遲，而且任何需要變更頁面內容的互動都會導致多次的伺服器請求，從而影響應用程式的整體效能。我們可以使用 Static Site Generation（SSG）的做法來解決這種問題。

Static Site Generator（SSG）

靜態網站產生器（Static Site Generator，SSG）是一種伺服器端描繪。不同於普通的伺服器端描繪，SSG 會在建置時期生成應用程式中的所有頁面並編製索引，然後視需要將這些頁面提供給瀏覽器。透過這種方式，可以確保客戶端的初始載入時間較短且效能較佳。

 這種做法適用於不需要動態內容的應用程式，如部落格、說明文件等。然而，如果你的應用程式包含動態內容，如使用者生成的內容（身分認證等），則應考慮使用 SSR 或某種混合做法（*https://oreil.ly/zqTn1*）。

在 Nuxt 中使用 SSG 非常簡單。我們可以在同一源碼庫中使用 yarn generate 命令。該命令將在 dist 目錄中生成應用程式的靜態檔案，以備部署。

generate 命令將為 .output/public 目錄中的應用程式生成靜態檔案，以進行部署（圖 13-10）。

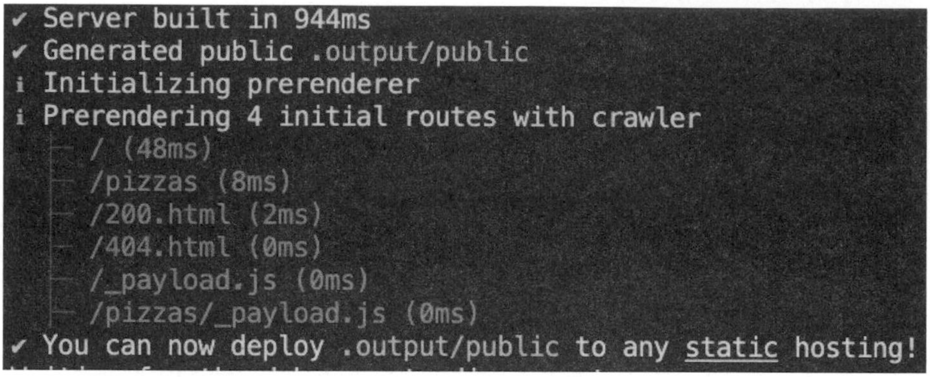

圖 13-10　執行 yarn generate 後的 .output 目錄

這就是全部的步驟。最後一步是將 dist 目錄部署到靜態託管服務（static hosting service），如 Netlify、Vercel 等。這些託管平台將使用帶有快取的 Content Delivery Network（CDN）視需要向瀏覽器遞送靜態檔案。

結語

在本章中，我們學到如何使用 Nuxt 建置 SSR 和 SSG 應用程式。至此，我們結束了本書的學習之旅。

我們已經涵蓋 Vue 的所有基礎知識，包括核心概念、Options API、Vue 元件的生命週期，以及如何有效使用 Composition API 在 Vue 應用程式中建立穩健且可重用的元件系統。我們還學到如何整合 Vue Router 和 Pinia，以建立具有路由和資料狀態管理功能的完整 Vue 應用程式。我們探討了為 Vue 應用程式發展一個流程的不同面向，從使用 Vitest 進行單元測試和使用 Playwright 進行 E2E 測試，到使用 GitHub 工作流程建立部署管線並使用 Netlify 進行託管。

現在，你已經準備好探索更進階的 Vue 主題，並掌握了建置自己 Vue 專案所需的技能。那麼，你該何去何從呢？有各種可能性在等著你。開始建置你的 Vue 應用程式，進一步探索 Vue 生態系統。如果你想開發內容取向的網站，可以考慮深入研究 Nuxt。如果你想為 Vue 製作 UI 程式庫，可以看看 Vite 和原子設計（atomic design）之類的設計系統概念。

無論你做何選擇，在成為一名出色的前端工程師和 Vue 開發人員之道路上，你在 Vue 中學習到的技能都將隨時派上用場。希望本書能成為你的良師益友，一路為你提供參考資訊和基礎知識。

開發 Web 應用程式，尤其是使用 Vue 進行開發，既有趣又令人興奮。請開始創造並分享你的成果吧！

索引

※ 提醒您：由於翻譯書排版的關係，部分索引名詞的對應頁碼會和實際頁碼有一頁之差。

符號

A

D

X

Y

關於作者

Maya Shavin 是 Microsoft 的資深軟體工程師，擁有工商管理碩士、電腦科學理學士和經濟學學士等傑出的教育背景。她擅長 Web 和前端開發，精通 TypeScript、React 和 Vue。

作為開源電子商務框架 StorefrontUI 的核心維護者，她在強調紮實的 JavaScript 一般知識重要性的同時，優先考慮提供效能良好、易於取用的元件。

除了程式設計之外，她還是一位國際知名的演講者和出版作家，熱衷於倡導 Web 開發、UX/UI、可及性和穩健的編程標準。她喜歡在自己的部落格（*https://mayashavin.com*）和 X（Twitter）上的 @mayashavin 分享她的知識、在各種會議上發表演說，並舉辦有關 Web 開發，特別是 Vue 的實際操作研討會。

出版記事

本書封面上的動物是歐亞金黃鸝（Eurasian golden oriole，學名為 *Oriolus oriolus*）。這種鳥類分佈範圍西至西歐和斯堪地那維亞（Scandinavia），東至中國。牠們是候鳥，冬天會飛到非洲南部過冬。

雄性歐亞金黃鸝主要呈明亮的金黃色，擁有黑色的尾羽和翅膀，翅膀的覆羽尖端呈黃色，眼睛是深栗色的，喙是深粉色的。與雄鳥相比，雌鳥的顏色更趨向於綠色而非黃色。牠們的腹部是黃白色帶有深色條紋，翅膀是綠褐色的。儘管顏色鮮艷，歐亞金黃鸝在樹葉茂密的樹冠中築巢卻很難被發現。

由於分佈範圍廣泛，在各種棲息地中都能發現歐亞金黃鸝的蹤跡。牠們可見於落葉林（主要是橡樹、楊樹和樺樹）、河岸林、果園、大型花園和混合針葉林中；冬天居住在半乾旱至潮濕的林地和森林草原交錯地帶。

歐亞金黃鸝利用喙在地面和樹上的裂縫中啄食昆蟲。牠們的主食是昆蟲和果實，但偶爾也可以看到牠們捕食小型脊椎動物、種子、花蜜和花粉。

這些鳥類面臨的最大威脅是惡劣天氣、棲息地喪失和森林砍伐。即使如此，歐亞金黃鸝仍然是數量充沛的物種，在瀕危物種名單上目前被列為無危物種。O'Reilly 書籍封面上的許多動物都面臨瀕臨絕種的危機；牠們都是這個世界重要的一份子。

封面插圖由 Karen Montgomery 根據《*British Birds*》中的一幅古董線刻繪製而成。系列叢書的設計由 Edie Freedman、Ellie Volckhausen 和 Karen Montgomery 共同完成。

Vue 學習手冊

作　　者：Maya Shavin

譯　　者：黃銘偉

企劃編輯：詹祐甯

文字編輯：王雅雯

特約編輯：江瑩華

設計裝幀：陶相騰

發 行 人：廖文良

發 行 所：碁峰資訊股份有限公司

地　　址：台北市南港區三重路 66 號 7 樓之 6

電　　話：(02)2788-2408

傳　　真：(02)8192-4433

網　　站：www.gotop.com.tw

書　　號：A773

版　　次：2024 年 07 月初版

建議售價：NT$680

國家圖書館出版品預行編目資料

Vue 學習手冊 / Maya Shavin 原著；黃銘偉譯. -- 初版. -- 臺
　　北市：碁峰資訊, 2024.07
　　　面；　　公分
　　譯自：Learning Vue.
　　ISBN 978-626-324-855-7(平裝)
　　1.CST：Java Script(電腦程式語言)
312.32J36　　　　　　　　　　　　　　　　113009533